Cuentos del cielo II

una iniciación a la astronomía

Iván Gimeno San Pedro

con ilustraciones de Isaac Faraldo Lata

PRAMES

Primera edición, mayo de 2025

Este libro ha recibido una ayuda por parte del Departamento de Educación, Cultura y Deporte del Gobierno de Aragón.

Textos: Iván Gimeno San Pedro

Ilustraciones: Isaac Faraldo Lata

Diseño y maquetación: equipo gráfico de Prames

© Para esta edición
   Prames | Camino de los Molinos, 32
   50015 Zaragoza | Tel. 976 106 170
   www.prames.com

ISBN 978-84-8321-633-0
Depósito legal Z 837-2025
Imprime: Bolima

Cuentos del cielo II

una iniciación a la astronomía

PRAMES

No se puede escuchar música sin silencio,
no se puede ver las estrellas sin oscuridad.
Silenciemos las luces
para escuchar la música de las estrellas

Iratxe Etxeberría
(Miembro de la asociación astronómica de Las Encartaciones «Betelgeuse».
Frase 1er premio del concurso de la Semana Internacional del Cielo Nocturno 2018 de la FAAE)

Introducción

El cielo nocturno siempre ha atraído a la humanidad y nos habla de las vivencias y creencias de las culturas que lo observaron antes que nosotros. Hoy en día, eso sería impensable con nuestras cabezas agachadas mirando la pantalla de un dispositivo electrónico como el móvil o la tableta, pero esos mismos dispositivos pueden ayudarnos a recuperar el cielo y a entenderlo mejor; por eso puedes usar los códigos QR que aparecen en la solapa del final de este libro para que, descargando esas aplicaciones gratuitas que te proponemos, puedas usarlas junto a este libro, para conocer algo mejor esas historias que nos dejaron los antiguos y encontrarlas en el cielo.

Me siento agradecido y dichoso de que dispongas de este libro entre tus manos. Primero, porque te ha llamado la atención entre toda la cantidad de libros que hoy en día pueblan las librerías; muchas gracias por darnos una oportunidad. Segundo, porque Prames nos ha permitido hacer este segundo trabajo y lo han publicado con el mismo mimo y cariño que le dieron a su predecesor, *Cuentos del cielo. Una iniciación a la astronomía*, un libro que quedó precioso e increíble. Tercero, gracias a Isaac, por esas «pedazo» de ilustraciones que dan vida a ambos libros. Y cuarto, agradecer a toda esa gente que ha hecho posible que lo haya escrito: mis compañeros y compañeras del Grupo Astronómico Silos, de los que tanto he aprendido, a mi mujer, que siempre está apoyándome, tanto en las locuras estelares como en las relacionadas con la escritura, y a mi familia, que siempre me ha inculcado en ansia de conocimiento y la pasión por la lectura.

Espero que disfrutéis de este viaje por las historias de las estrellas.

Iván Gimeno

Este libro que tienes entre manos es el segundo trabajo que realizo con Iván y me alegra enormemente que se una también a *Rosa y Adragón (otra historia de San Jorge)*, *El diente de Pérez* y, por último, a *Roma y su tribu*, para sumar un total de cinco trabajos como ilustrador. Quién me lo iba a decir hace unos años. Sin duda, esa cifra tan bonita de cinco libros y, en particular este último trabajo tan sideral, no podría dedicárselo a otras personas que no fueran: Elisa, Irai y Noelia, que son la constelación que me acompaña en el día a día. Aunque permitidme también que se lo dedique a mi tío Jesús, que falleció este año; porque sé que es una estrella más de las que me alumbran cuando miro al cielo nocturno.

Isaac Faraldo

Can Menor

Acteón era un joven de Tebas que había aprendido las artes de la caza del mismísimo centauro Quirón. Este le regaló una jauría de perros, cincuenta podencos que le acompañaban a cazar y que no permitirían que se le escapara una presa jamás. Acteón estaba muy contento con sus perros y los cuidaba con gran cariño, por lo que estos pronto le quisieron como el buen dueño que era. Tal llegó a ser la relación entre ellos, que la jauría era una prolongación de Acteón y así estaban empezando a convertirse en leyenda.

En una ocasión, Acteón quiso atrapar un bello venado del que había oído hablar. Tal animal se encontraba en las cercanías de la ciudad beocia de Orcómeno. Al despuntar el día se dirigió con sus canes al bosque y comenzó a rastrear la presa. El animal parecía ser muy inteligente y escurridizo, puesto que se acercaba la hora de comer y todavía no habían dado con él.

El calor comenzaba a apretar. Los rayos de sol se colaban entre el ramaje y hacían que allí abajo, a ras de suelo, la atmósfera fuera agobiante. El hambre y la sed empezaron a hacer mella en los perros del cazador, que tuvo que detenerse y sacar de su morral unos trozos de carne para repartirlos entre los animales. No había planeado hacer comida en mitad del bosque, pero por suerte siempre llevaba algo de carne en salazón. Se acercó a un árbol bajo y anciano y arrancó con cuidado un par de hojas de entre las más grandes que encontró. Cavó un pequeño agujero en el suelo y lo impermeabilizó con las hojas. Tomó el odre que llevaba al costado y llenó el agujero para que pudieran beber sus perros. Entonces, él mismo decidió sentarse en la raíz del viejo olmo y comenzó a mordisquear un trozo de la dura carne en salazón. Su cuerpo atlético estaba acostumbrado a los rigores de la caza, pero esta persecución, unida al calor, le había afectado más de lo que pensaba.

Acabó de comer y se levantó para estirar los músculos. Decidió dejar a sus perros descansar más tiempo y se separó de ellos en dirección a una pequeña elevación del terreno. Allí intentó orientarse y supo que, en su persecución del venado, se había alejado mucho, ya que estaba en el valle de Gargafia, que era diferente de aquél en el que habían comenzado. Entonces escuchó algo que le cautivó. Prestó más atención. Sus oídos no le engañaban. Hacia abajo, donde debería estar el río, se oían chapoteos y risas de mujeres. Con curiosidad, el joven se acercó sigiloso. En poco tiempo llegó a una poza iluminada por el sol, se trataba de la fuente de Partenio, lugar muy hermoso, pero nada visitado a esas horas tan calurosas del mediodía. Allí, unas mujeres de infinita belleza estaban bañándose desnudas. Acteón supo enseguida que no eran simples mortales. Todas giraban y compartían sus risas y chapoteos en torno a una de ellas, igual de preciosa o más que las otras, pero de cuerpo atlético. No podía creer que existiera tal mujer; debía tratarse sin duda alguna de una diosa. Apoyado en el último árbol antes del claro, las observó bañarse, embelesado, hasta que un grito le sacó de su ensoñación. Una de las ninfas, pues de eso se trataban, le había descubierto y gritaba sorprendida señalando en su dirección. La bella de cuerpo atlético se incorporó saliendo del agua hasta el abdomen. Cubrió sus senos con la mano izquierda, mientras con la derecha apartó el mojado cabello rubio para ver a su furtivo mirón.

Los perros de Acteón llegaron en ese momento, entre ladridos de alegría al encontrarse de nuevo con su dueño; lo rodearon dando saltos mientras el joven los apartaba azorado intentado avanzar hacia el claro de la fuente.

—Disculpad, bellas damas...

—¿Disculpad, cazador? ¿Qué hemos de disculpar? ¿Acaso que has estado espiando nada menos que a aquella que te protege cuando sales de caza?, ¿aquella a la que debes respeto?

—¿Artemisa? Mi señora, yo no sabía...

—Verme desnuda es algo que no consiento a nadie, y menos a un mortal —dijo señalándole acusadora.

—Mi señora, no seáis tan dura con él —se atrevieron a decir algunas de las ninfas.

—¿Dura? Solo un cazador tuvo mi corazón y me fue arrebatado en un engaño. Te está permitido decir que me has visto desnuda, si es que puedes contarlo. Quizás después de esto tu propia jauría te persiga y devore. —Finalizó ofendida mientras salpicaba al cazador con agua del lago.

Algunas ninfas prorrumpieron en sollozos. Acteón retrocedió asustado ante la firme y oscura propuesta de la diosa. Tropezó con las raíces del árbol en el que instantes antes había estado apoyado. Intentó levantarse y se percató de que en su cabeza comenzaban a aparecer cuernos. Cayó de nuevo, pero, nervioso, se levantó y empezó a correr hacia el interior del bosque, mientras sentía como sus extremidades cambiaban.

Los perros dejaron de oler a Acteón, descubrieron el olor de una presa, de un gran ciervo, y salieron tras él, prestos a capturarlo.

Artemisa se vistió enfadada y abandonó el lugar. Su séquito la siguió en silencio, con rostros ensombrecidos y apenados.

La fatiga fue atenazando a Acteón. Ya corría a cuatro patas, con jirones de la ropa que anteriormente había vestido. Los podencos le estaban ganando terreno, sentía las salpicaduras de sus babas al lanzar dentelladas que fallaban por muy poco. Hasta que uno de los perros chocó con él y lo desequilibró. Fue un instante, pero dos de los animales, magníficos cazadores, perfectamente entrenados para matar, se lanzaron a morderle. Uno le agarró del cuello y otro de los bajos. Le desgarraron. Llegaron más y lo cubrieron entero. Devoraron a su propio dueño sin saberlo.

Los perros, una vez saciados, vagaron por el bosque en busca de su amo, profiriendo lastimeros quejidos y aullidos. Días enteros buscaron, hasta que Quirón, preocupado por la desaparición de Acteón, llegó al bosque y los encontró. Los perros fueron con él, con el rabo entre las patas y medio arrastrándose por la tristeza y la debilidad de no haber comido durante todos esos días de búsqueda. El centauro los reunió y construyó una estatua de Acteón para que los perros tuvieran donde estar, consolados con su imagen, aunque no contaran con su real presencia ni olor. Los dioses se apiadaron de la tristeza de los animales y decidieron catasterizarlos como un conjunto de estrellas que formaran un perro para recordar así su historia.

...en el cielo nocturno podemos contar varias decenas de historias. Muchas de ellas relacionan unas constelaciones con otras y llega a darse el caso de que alguna constelación está presente en más de una historia diferente; esto sucede con el Can Menor. Quizás se deba a que, al representar al mejor amigo del hombre de una forma no tan reconocible como el cercano Can Mayor que nos muestra a Sirio, el inseparable compañero de aventuras de Orión, se haya tomado en algún momento para representar a cualquier perro de la mitología griega. En las historias de la mitología griega aparecen bastantes perros y, en algún momento en el tiempo, es seguro que alguien ha contado alguna de ellas uniéndola a la figura del Can Menor.

En esta ocasión hemos querido traeros esta pequeña constelación con una historia, quizás menos conocida que la de Orión (al que Artemisa hace referencia al hablar de un anterior cazador al que estuvo muy unida) y que nos presenta solo al Can Menor; se trata del mito de Acteón, un mito que, como muchos otros, tiene a los perros como protagonistas secundarios, pero resultan ser parte muy importante del mismo. Aunque parezca mentira podríamos contar más historias con el Can Menor, pues buceando en libros de mitología, de astronomía y en Internet aparecen otras opciones, menos arraigadas a la constelación, pero que también, en definitiva, acaban con el perro catasterizado* en el cielo invernal.

La más reconocible de ellas, y que posiblemente podamos ver en ejemplares posteriores de estas historias, es la que representa el mito de Icario, Erígone y su perra Mera. Otra historia que ostenta al Can Menor como representante estelar es la del perro Lélape, conocido como el perro infalible, que pertenecía a Céfalo y que trató de cazar a la zorra teumesia, que aterrorizaba Tebas y no se la podía cazar. También, durante el siglo XVII, con los intentos de cristianización de los mitos celestes que hubo durante largos siglos, un poeta alemán llamado Philippus Caesius quiso relacionar la constelación con el perro de Tobías que aparece en los textos apócrifos de la Biblia. Sin embargo, los antiguos egipcios ya reclamaban esta zona del cielo para un ser similar a un perro, ya que esta constelación estaba dedicada al dios chacal Anubis. Incluso en el libro *Atlas de las constelaciones* (Errata Naturae, 2017) de Susanna Hislop y Hannah Waldron se presenta una curiosa leyenda inuit con el Can Menor como protagonista, aunque muy diferente a todo lo narrado aquí y que no tiene nada que ver con el perro que nos queda claro parece representar para la mitología griega.

Centrándonos más en lo astronómico, podemos fijarnos en que Can Menor, a pesar de su poca importancia estelar y de espacio profundo, era una de las 48 constelaciones que ya...

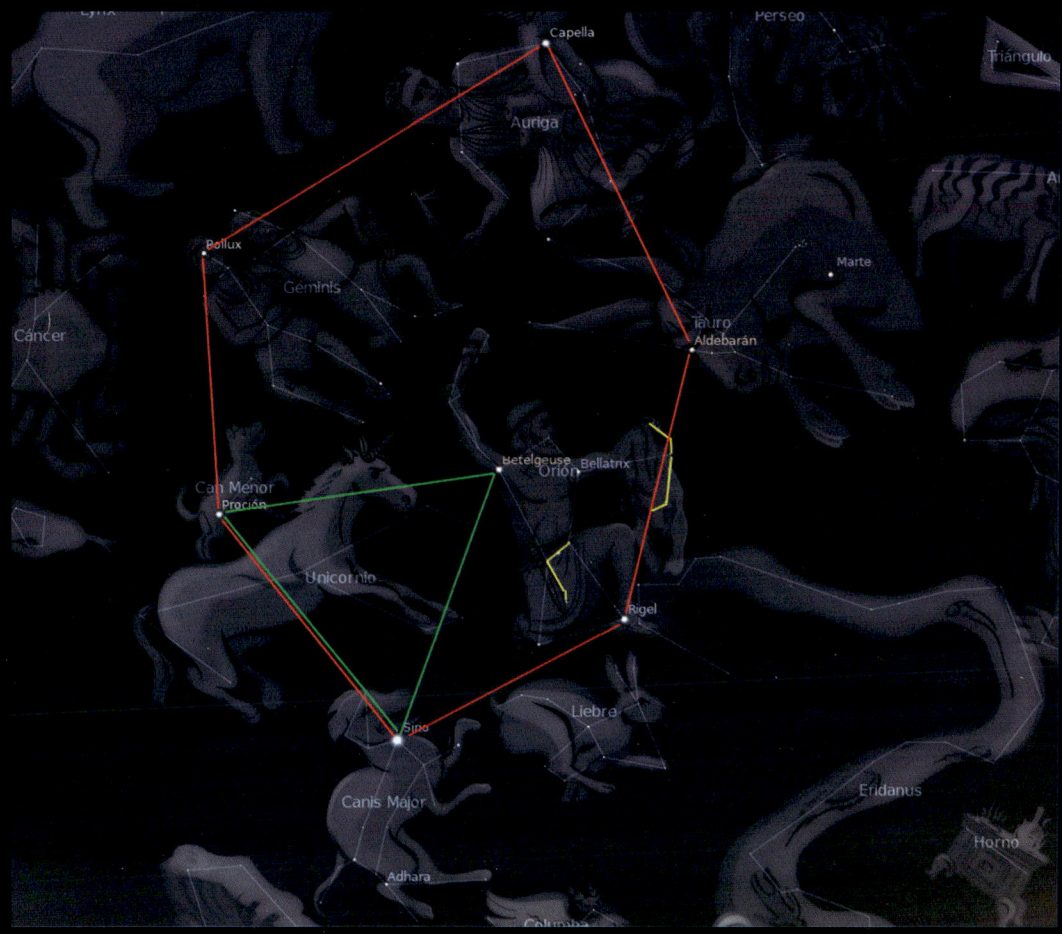

MAPA DE LOCALIZACIÓN DE INVIERNO CON DIBUJOS

aparecían en el *Almagesto de Ptolomeo*∗, lo que destaca su importancia en el cielo de la época y, por lo tanto, que tantas historias sirvan para esta constelación es otra muestra más de esa importancia.

El mito en particular que presentamos en este capítulo ha sido muy recurrente, tanto en la pintura clásica como en la escultura. Una de las más bellas representaciones del mismo se encuentra en los jardines del Palacio Real de Caserta, en Italia. Allí, en una fuente con una preciosa cascada, podemos encontrar, a un lado del estanque que se forma, a Diana (la representación romana de Artemisa) sorprendida entre sus doncellas por Acteón, que se encuentra al otro lado de la cascada, sufriendo la transformación en ciervo mientras sus propios perros comienzan a atacarle.

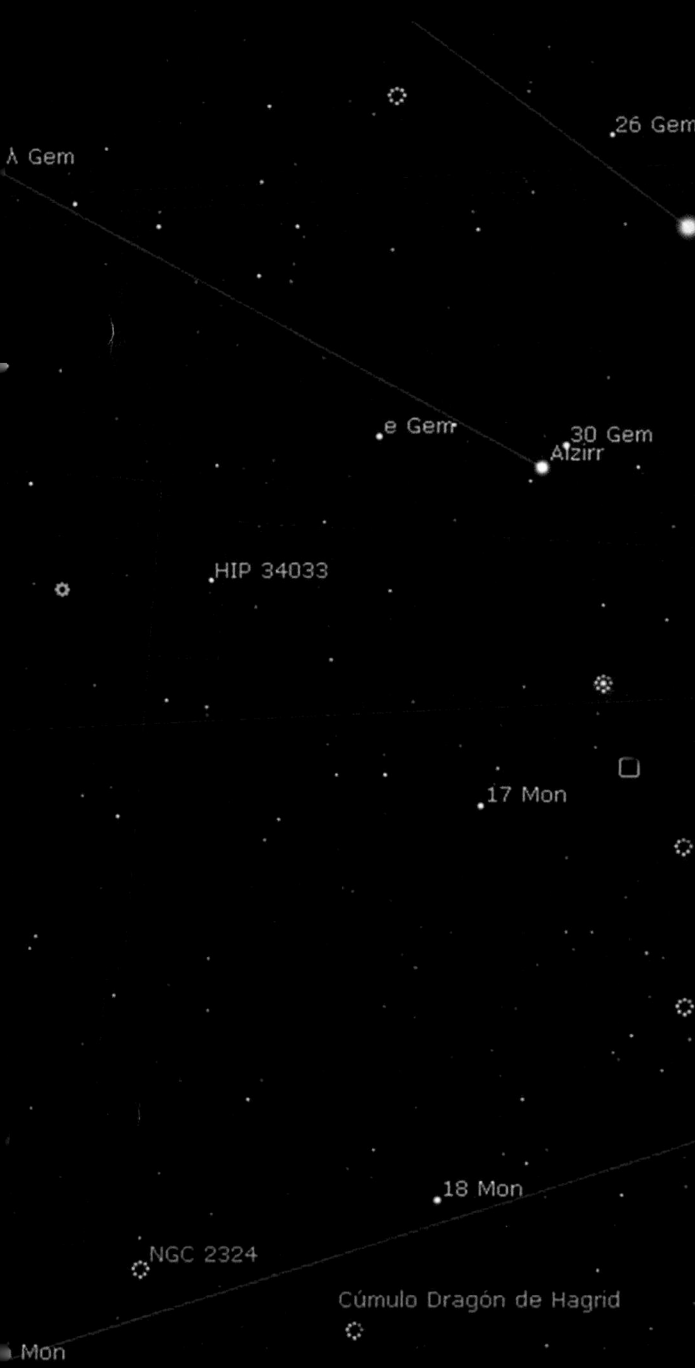

En Aragón también contamos con una preciosa representación del mito, en su vertiente romana, con el nombre de *Baño de Diana*, que podemos encontrar en el Monasterio de Piedra. Se trata de un lugar precioso situado a muy poca distancia de Zaragoza y que tiene una amplia historia, ya que en 1186 el rey Alfonso II de Aragón donó esos territorios a los monjes del monasterio de Poblet, que lo ocuparían unos años después. Sin embargo, no se sabe de donde proviene el nombre de esta preciosa poza, aunque es factible que le fuera dado en la época de Juan Federico Muntadas y su hijo Pablo Muntadas, allá por la segunda mitad del siglo XIX, cuando lo convierten en un precioso parque jardín, tras adquirir las tierras en la desamortización de Mendizábal. El lugar sería frecuentado por gran cantidad de personas ilustres y doctas de la época. Se conoce que el nombre de lago del Espejo fue sugerido por Francisco Pi i Margall, que fue presidente de la República Española en 1873. Quizás algún literato o poeta de los que visitaron el lugar pudiera ser quien sugirió el nombre de Baño de Diana o puede que proviniera de mucho antes. La cuestión es que esto quedará, parece ser, en la leyenda de este espacio tan bello que es digno de visitar.

Mapa de objetos de Can Menor

sño que queremos es buscar el Can Menor en el firmamento nocturno, debemos tener en cuenta que se trata de una constelación pequeña y poco llamativa. Con un 0,444 % del cielo, es la constelación número 71 en cuanto a tamaño; y a eso le añadimos que precisaremos de un cielo despejado y no contaminado para poder ver algo más que a Procyon, su estrella α, puesto que, aunque el Can Menor consta de cuarenta y siete estrellas (la jauría de Acteón) de magnitud* menor a 6,5, solo dos estrellas merecen mención por su brillo: Procyon y Gomeisa, su estrella β.

Primero vamos a tener en cuenta las fechas en las que esta constelación se encuentra sobre el horizonte y para ello deberemos observar hacia el este de los anocheceres a partir del diez de enero. Esta constelación de invierno y primavera comienza a desaparecer hacia el ocho de junio por el oeste, cuando se ha puesto el sol. Y para encontrarla debemos centrarnos en el cielo de invierno y la riqueza de estrellas brillantes que posee. Como podemos ver en el mapa que acompaña estos párrafos, ya en el mito de Orión presentamos un imperfecto hexágono formado por seis estrellas sumamente brillantes y que contenía en su centro una

Cascada Baño de Diana. Monasterio de Piedra

septima. Esa figura es conocida como el hexágono de invierno; se trata de un asterismo* formado con las estrellas Sirio del Can Mayor, Rigel, que es el pie del cazador Orión, Aldebarán, que es uno de los ojos de Tauro, la brillante Capella de la constelación de Auriga, Pollux, el más brillante de los gemelos de Géminis y Procyon como la más brillante del Can Menor. Podemos ver este asterismo representado en rojo en el mapa de las constelaciones. Además, Proción forma un triángulo equilátero con Sirio y la estrella del interior del hexágono, que no es otra que Betelgeuse de Orión; podemos ver esto marcado en verde en el mismo mapa.

CAN MENOR

Procyon y Gomeisa son sus únicas estrellas destacables, como ya se ha comentado. La primera de ellas, con una magnitud de 0,40 es de las estrellas más brillantes del cielo y eso la hace ser la Alpha (α) de la constelación. Se trata de un sistema binario* formado por una estrella amarilla, situada a solo 11,3 años luz de nosotros, que está acompañada por una enana blanca* más débil, cuyo periodo orbital es de 40,8 años en torno al centro de masas que crean ella y su compañera amarilla. Por su parte, Gomeisa es la β Canis Minor; tiene una magnitud de 2,85 y es una estrella blanco-azulada de 11 500 K de temperatura en su superficie y una luminosidad equivalente a 250 soles que se encuentra a 161,70 años luz de nosotros.

Poco más se puede destacar de esta pequeña constelación que, a pesar de encontrarse en una zona atravesada por la Vía Láctea*, no presenta objetos de cielo profundo dignos de mención u observables a simple vista o con prismáticos y telescopios pequeños.

Las estrellas del Can Menor son poco brillantes. La tercera en magnitud es y Canis Minor y tiene solo 4,33 (vemos que no es una estrella destacable); aparece en el mapa de localización de objetos para que podáis buscarla. Y por último, para dejar volar un poco la imaginación, busquemos la cuarta estrella en brillo de la constelación. Se trata de HD66141 (13 Pup en el mapa), con una magnitud de 4,39. Sabemos que se trata de una estrella gigante naranja* situada a 254 años luz de nosotros y que es poseedora de un compañero, pues en noviembre de 2012 se publicó el descubrimiento de un exoplaneta* de unas seis veces la masa de Júpiter en torno a ella y en una posición muy cercana al astro, muy por debajo de la zona de habitabilidad*.

Las Osas

Calisto era una bella joven, hija de Licaón, rey de Pelasgia. Desde pequeña había sido encomendada a Artemisa, la diosa de la caza y los animales salvajes. Al formar parte de su séquito, debía cumplir unos estrictos votos, ya que Artemisa era también la diosa de las doncellas y de la virginidad. Por ello, Calisto no había conocido a hombre alguno y se dedicaba en cuerpo y alma a su tarea de doncella de Artemisa, de la que era su favorita.

Pasaba la vida cazando en el bosque, con otras doncellas y ninfas. Muchas veces, Artemisa las acompañaba. Sus aventuras eran fabulosas. Calisto era muy feliz con su vida en el bosque, aunque, lógicamente, no conocía otra existencia con la que comparar.

Durante una cacería en la que las doncellas de Artemisa corrían por la zona más frondosa, comenzaron a separarse para cubrir más terreno y evitar que la presa se les escapara. Calisto, corría silenciosa con sus ágiles y pequeños pies descalzos. Parecía que ni siquiera las ramas y las hojas secas quisieran crujir a su paso. Divisó la presa y se agazapó para preparar una flecha; la colocó en el arco y, cuando iba a tensarlo, sintió un roce en el hombro. Era Artemisa que con un dedo en la boca le indicaba que guardara silencio.

Estuvieron observando al majestuoso ciervo durante un rato, mientras Artemisa la agarraba con delicadeza. La respiración de Calisto se agitó por el contacto. Artemisa se apartó y miró a Calisto. La joven creía detectar deseo en su mirada. Se sentía extraña pero emocionada. Entonces Artemisa le cogió una mano y la acarició con suavidad. Cuando Calisto levantó la vista era un hombre quien la estaba tocando y no su diosa de la caza.

—Mi querida Calisto, soy Zeus. Quedé enamorado de ti en el momento en que te vi y he bajado del Olimpo para estar contigo.

Calisto se soltó del dios e intentó disuadirlo. Le habló de sus votos, de que no podía mantener relación con hombre alguno, pero Zeus le explicó que él no era un hombre cualquiera, ya que era un Dios, y aún más todavía, pues era el señor de todos los dioses. La agarró de nuevo acercándola. Le dio un beso y Calisto pensó en dejarse llevar y probar aquello nuevo que se presentaba ante ella; quizás eran los poderes del padre de los dioses los que habían actuado así para nublarle el juicio o quizás en verdad llegó a pensar aquello.

En cualquier caso, de aquel encuentro Calisto quedó encinta y, cuando empezó a sentir los síntomas de su embarazo, se preocupó mucho, porque supuso que, en cuanto Artemisa se enterara, se enfadaría.

El vientre de Calisto fue creciendo y sufría por ocultarlo a sus compañeras y a la propia Artemisa. Encorsetaba su figura apretando el vientre con cuidado, pero sin piedad. Sufría dolores y temía por la salud de aquel ser que crecía dentro de ella, pero temía más ser descubierta. Llegó un día de verano en que hacía mucho calor y, tras una frenética caza en la que había participado la diosa junto a Calisto y sus otras doncellas, se detuvieron todas en un fresco manantial para darse un baño. Había una plácida y fresca poza. Artemisa invitó a todas a quitarse el cansancio y el calor con un revitalizante baño. Ella misma se introdujo en las cristalinas aguas y, al ver que Calisto quedaba en la orilla, volvió a insistir una vez más.

—Calisto, no sé por qué no te bañas. El agua quita cualquier pena. Además, se te ve más fatigada de lo normal. ¿Te encuentras bien?

—Sí, mi señora, es solo que no me apetece bañarme hoy.

—Deja ya de buscar excusas y ven ahora mismo con nosotras. Las demás te están esperando.

Una ninfa salpicó a Calisto y las risas se generalizaron en la fresca poza.

Calisto no vio otra salida que obedecer a su señora Artemisa, así que se quitó la ropa, dejándola caer al suelo junto a ella, incluida la faja que había usado para oprimir su vientre. Las risas cesaron cuando las demás vieron la redondez de este, marcado en la desnudez de la joven que intentaba taparse avergonzada. Más de una lanzó un grito de sorpresa.

—¿Qué se supone que es eso, Calisto? —gritó Artemisa señalando el embarazo de la joven.

—Es tu culpa —explotó la joven—, ¡No! ¡No, disculpad! No quería decir eso exactamente, me pudieron los nervios. Zeus uso un engaño para...

Artemisa no escuchaba debido a la rabia que la asaltaba. Gritó con furia.

—¡Calla, maldita! Has roto los votos. No puedo hacer otra cosa que expulsarte. Márchate antes de que decida un castigo más severo para ti.

Calisto abandonó el manantial con paso lento y apesadumbrado, desnuda, y se introdujo en el frondoso bosque. Allí permaneció oculta durante un tiempo, cazando y recolectando para sobrevivir, hasta que no pudo moverse. Los dolores del parto la mantuvieron postrada en su diminuto refugio, una cueva en una ladera boscosa, hasta que dio a luz a un bebé, un niño, que, a pesar de la rudeza del tiempo y de las condiciones salvajes de su nacimiento, sobrevivió para crecer, pues era fuerte al ser hijo de Zeus. Calisto le puso por nombre Arcas.

Allí seguía la preocupada joven, consiguiendo a duras penas alimentarse y sacar adelante a un bebé, mientras Zeus parecía desentenderse totalmente de sus actos allá en lo alto del Olimpo. Calisto no sabía a qué sentimientos debía dar rienda suelta; la confusión reinaba en su vida y disponía de poco tiempo para aclarar sus ideas, pues lo prioritario era sobrevivir.

No tardó en llegar a oídos de Hera, la mujer de Zeus, noticias de la última infidelidad de este y enseguida empezó a investigar para localizar a la mortal en que su esposo se había fijado en aquella ocasión. Cuando llegó hasta Artemisa, esta, todavía enfadada por la traición de Calisto, le contó la historia del embarazo de su doncella, ya que había llegado a la conclusión de que se trataba de la que Hera estaba buscando. Cuando acabó de narrar lo sucedido en el manantial, se dio cuenta de lo que había hecho en su enfado. Recordó a la perfección las pocas palabras que permitió proferir a Calisto y supo que Zeus había engañado a la joven haciéndose pasar por ella.

Repugnada por la suplantación de Zeus, sin embargo, se dio cuenta de lo que iba a suceder a su antigua favorita y decidió contárselo a su padre.

Llegó a lo más alto del Olimpo, donde Zeus tenía su trono y vigilaba a la humanidad. Entró en la estancia sin dejar que la anunciaran y gritó llamando la atención de su padre.

—¡Padre Zeus! Tarde descubrí el engaño que perpetraste contra mi querida Calisto y por ello doblemente enfadada estoy contigo.

—Hija, eso fue hace tiempo, siento que te haya causado dolor. Calisto era tan bella que me enamoró perdidamente.

—Pues si todavía la quieres o en algo le tienes estima, más vale que vayas raudo con ella, pues tu mujer, Hera, va en su busca para matarla. Y has de saber, que en el bosque donde la conociste continúa morando, escondida de todos, con su hijo recién nacido, que es también tuyo.

—¿Yo? ¿Padre de un niño con Calisto? ¿Cómo no sabía nada de ello?

—Porque Calisto nos lo intentó ocultar a todos y solo yo lo sabía, dado que la tenía vigilada, aunque desconocía que su bebé fuera hijo tuyo hasta que conseguí unirlo todo.

—He de partir a salvar a la bella Calisto y a su hijo. ¡Gracias, hija mía! Hablaremos a mi vuelta. —Y Zeus desapareció, arrojándose por el mirador de su salón del trono para llegar hasta Calisto.

Una vez Zeus estuvo en la tierra, se encontró a Calisto dando de mamar al pequeño Arcas, ignorante del mal que se cernía sobre ella.

—Calisto, rápido. Hera viene a por ti. Quiere mataros a ti y a nuestro hijo. ¿Cuál es su nombre?

—Arcas —respondió sorprendida.

—Dame al muchacho, haré que cuiden bien de él. Hera todavía no lo ha visto y podrá vivir en paz, pero tú, debes desaparecer. Te convertiré en una gran osa, para que mi mujer no logre encontrarte. Podrás seguir viviendo en este bosque y nadie te molestará. Yo te protegeré.

Calisto intentó protestar, pues la situación y el propio plan de Zeus le parecían absurdos, pero el dios no le dejó tan siquiera respirar. La convirtió en osa y la azuzó para que huyera entre la frondosidad del bosque. Cogió a su hijo Arcas, lo miró unos instantes y, asintiendo, se marchó antes de que llegara Hera.

Zeus dejó a Arcas al cuidado de la mayor de las siete pléyades, Maia, cuyo nombre significaba *Pequeña Madre*. La pléyade cuidó con gran cariño al pequeño, que creció sano y fuerte, mientras su madre vivía en el bosque, convertida en osa, pensando siempre en su arrebatado hijo, oculta del acecho de Hera. La diosa no dio con la doncella y dejó de buscar, aunque su ira no se había disipado.

Los años pasaron y Arcas se había convertido en un joven atlético, que gustaba de cazar en su tiempo libre con sus adiestrados perros.

Un día, acabó cazando en el bosque donde nació y siguió el rastro de un jabalí hasta lo más profundo. Calisto que estaba por allí, lo vio y lo reconoció al instante. Comenzó a correr hacia él para abrazarle, pero no recordaba que era una osa y que no podía hablar, así que fue recibida con una flecha. El joven Arcas pensaba que el enorme animal iba a matarle y por eso intentó defenderse. Cuando Calisto sintió el doble dolor de la flecha, clavada en sus cuartos traseros, pero que parecía haberse clavado en su corazón, dio la vuelta y huyó entre la espesura. Arcas azuzó a los perros para que la persiguieran; no iba a dejar escapar a un ejemplar tan magnífico y menos después de haberlo herido. Calisto corría frenética, rompiendo enormes arbustos a su paso y algún que otro árbol viejo y podrido. El dolor la instigaba. No entendía que su propio hijo quisiera matarla. Además, la pata cercana al flechazo le comenzaba a dar calambres. Perdía terreno frente a los perros de caza que parecían incansables. Eran unos animales implacables. Uno de ellos le alcanzó y le lanzó una dentellada. Calisto se libró de él de un tremendo manotazo. Los aullidos de dolor del perro quedaron atrás, ahogados por los ladridos de sus tenaces compañeros.

Hera, que no había cejado en su empeño de encontrar a Calisto, descubrió la persecución que estaba teniendo lugar y quedó observándola desde las alturas del Olimpo. Una sonrisa cruel marcaba su rostro. Qué apropiado que la amante de su marido muriera a manos del joven fruto de esa relación. Había conseguido traspasar el engaño de Zeus y disfrutaba del momento.

Calisto se sentía lenta y pesada. Había huido durante mucho rato y había visto como alguno de los perros la había adelantado. Los encontró delante suyo, eran dos, estaban colocados en posición de ataque, gruñendo ferozmente. La osa se detuvo y se levantó sobre sus patas traseras. Sintió una punzada de dolor, pero aguantó. Movió las zarpas delanteras mientras rugía a los perros. Estos, sin embargo, no se acobardaron y no retrocedieron. Los ladridos de los demás sonaban muy cerca. Tenía que deshacerse rápido de ellos o estaría rodeada.

Hera jaleaba a los perros, animándolos desde su privilegiado mirador. Entonces, desde detrás suyo le preguntaron:

—¿Qué ocurre amada esposa? ¿A quién animas con tanto fervor?

Hera se volvió, con la sorpresa marcada en su rostro. Zeus estaba junto a ella. Si descubría lo que ocurría, a buen seguro que tomaría parte en favor de Calisto.

—No es nada esposo. Estaban teniendo lugar unos juegos en mi honor y me animaba tanto fervor y dedicación.

—Eso es bueno querida Hera, los humanos deben seguir adorándonos para que permanezcamos fuertes —dijo Zeus mientras se acercaba a su esposa para mirar también. Hera fue a su encuentro para intentar evitar que mirase.

Abajo, en el bosque, Calisto atacó a los dos perros y se deshizo rápidamente de uno mientras otro le mordía con saña. Se lo quitó de encima arrojándolo contra un árbol e intentó desaparecer de nuevo en la espesura. Pensó en Zeus, aquel que le prometió protegerla. A pesar del engaño con el que la había seducido, había sentido mucho amor por él, y Arcas era hijo de ambos. Lloró desconsolada pidiendo auxilio a Zeus mientras corría sin ver delante suyo.

Arcas apareció en el claro donde dos de sus perros yacían moribundos. Los remató, para que no sufrieran y siguió a la carrera detrás del resto de su jauría y de su presa. Estaban ya muy cerca de ella.

—Amado esposo, ven conmigo. Hace mucho tiempo que no disfrutamos de estos instantes de soledad. Cada vez escasean más. Deberíamos aprovecharlos... —dijo Hera abrazando a Zeus. Este le devolvió el abrazo.

Los perros rodearon a Calisto. Todo había acabado. Arcas llegó y azuzó a los animales contra ella. Tres de ellos se lanzaron a atacarla y la hirieron en diversos puntos, aunque la osa se defendió con garras y colmillos. Logró deshacerse de dos de ellos. El tercero regresó con sus compañeros y aguardó las órdenes de su amo. Arcas preparó el arco y las flechas. Quería acabar con esto sin perder más perros. Tensó el arco y apuntó.

—Es extraño Hera. Tú nunca eres así de cariñosa conmigo. ¿Qué ocurre? —dijo apartándola de sí para avanzar hacia el borde del Olimpo y mirar abajo.

Zeus vio entonces lo que iba a suceder y con gran rapidez lanzó un rayo que impactó entre Arcas y Calisto. Los perros huyeron despavoridos. Arcas cayó a tierra lleno de sorpresa y Calisto se dejó caer al suelo totalmente rendida. Zeus apareció entre ellos.

—¡Detente, Arcas! Deja de dar caza a tu desventurada madre. Hera, mi esposa no ha parado de perseguirla desde que naciste. Pero esto ha de acabar ya. Casi muere por tus propias manos.

Zeus se volvió hacia Calisto y vio que yacía tumbada, respirando con dificultad.

—Querida Calisto, siento enormemente lo sucedido. Has de creerme. Hera no volverá a propiciar una situación como esta. ¡Nunca! Estás herida de muerte y, como tal, has de morir, pero no todo acaba aquí. Subirás al cielo en esta forma de osa que ahora tienes para que todos recuerden tu historia por los siglos de los siglos.

Calisto murió. Zeus y Arcas derramaron muchas lágrimas por ella. Ese momento fue cuando, tomándoles por sorpresa, aparecieron en el claro Hera y Tetis, ambas con gesto serio. Tetis, esposa de Océano, había sido la niñera de Hera y, al conocer la historia que había detrás de todo lo sucedido, quiso acompañar a la mujer de Zeus. Avanzó hacia el señor de los dioses mientras lo señalaba con dedo acusador, remarcando cada una de sus palabras con movimientos que sellaban más su denuncia.

—Catasterizarás a Calisto, como bien has determinado, nada puedo hacer para impedirlo, pero le niego el derecho a ocultarse bajo el mar, sobre el que tú no tienes poder alguno. Noche tras noche tu querida osa permanecerá en el cielo sin poder descansar, eternamente huyendo entre las estrellas, como lo hizo hasta morir aquí abajo.

Así, la Osa Mayor, se convirtió en una de las constelaciones denominadas indestructibles, aquellas del cielo que se ven todo el año, sin importar la estación que sea. Un pequeño triunfo de Hera, que, no contenta con ello, se acercó a Arcas y le revolvió el pelo sonriente.

—Pobre muchacho, ha perdido a su madre y a algunos perros de su jauría.

—Eran los mejores y más valientes, atacaron a la osa con coraje. Si hubiera sabido que era mi madre… —No pudo acabar la frase y se cubrió el rostro mientras derramaba lágrimas por ella.

—¿Cómo se llamaban esos valientes animales? —inquirió Hera.

—Asterión y Chara —respondió Arcas entre sollozos.

—No llores Arcas, pues colocaré a ambos dignos lebreles en el cielo, para que persigan por siempre a tu madre, así tendrá de quien huir —dijo riendo su propio ingenio.

Zeus apretó los puños y los dientes conteniendo su cólera. Hera volvió al Olimpo algo más tranquila dando por finalizada su venganza.

Entonces el señor de los dioses miró a Arcas con tristeza.

—Siento que sea así como acabe todo, pero no te preocupes, lo he de arreglar. Harás una cosa, tu padre te lo ordena. Ve a Pelasgia. Tu abuelo Licaón es rey allí. Reclama lo que te corresponde por herencia y vive tu vida. A tu muerte, tendrás una tarea que cumplirás por siempre jamás. Te convertirás en inmortal allá en las estrellas, porque cuidarás de tu madre, serás Arcturus, el guardián de la Osa. ¿El resto de tus perros cómo se encuentran?

—Mi señor Zeus, estos dos sobrevivirán, al igual que el que quedó atrás. Sólo Asterión y Chara han muerto.

—Me alegra oírlo, porque son unos animales muy valientes —dijo Zeus mesándose la barba—. Haré lo siguiente. Como premio a su valentía —señaló al que había atacado a Calisto y sobrevivido al envite—, y dado que ha probado la sangre de la osa, sabiendo ahora que era en verdad humana, es peligroso dejarlo aquí en la tierra para convivir entre vosotros, pero, lo convertiré en un osezno que protegerá a tu madre de sus antiguos compañeros hasta tu llegada al cielo.

Anexo astronómico

Estamos ante un mito que presenta una misma estructura, pero se ramifica de muy diferentes formas a la hora de mostrar su representación final en el cielo. En ocasiones se nos ha presentado a Arcas como el osezno que acompaña a su madre en el cielo, algo que sería lo más lógico si no fuera tan extendida la historia de que el joven vivió una larga vida después de este encuentro.

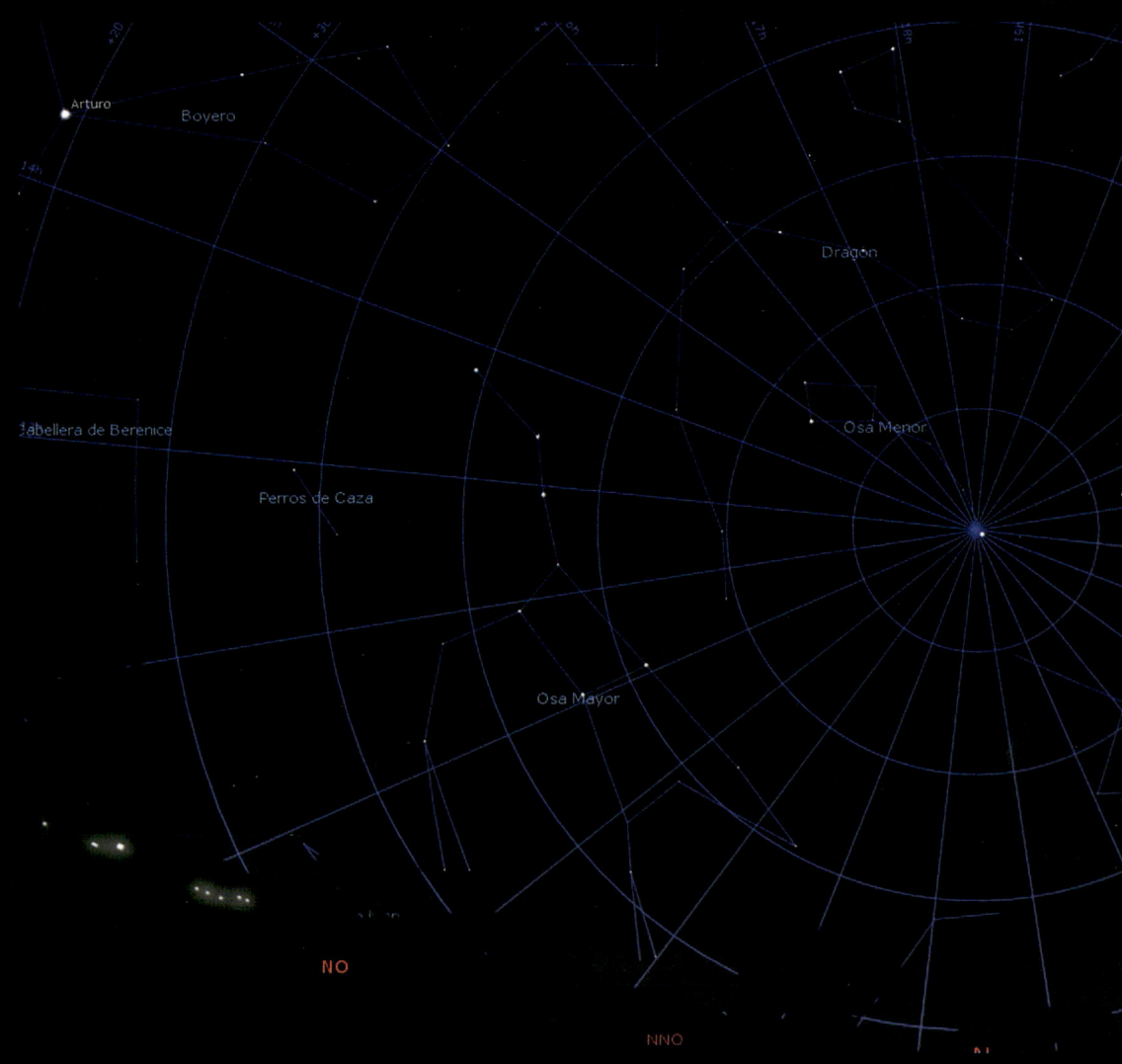

Además, quedaría desestimada la parte de aquel que cuida a las osas como la figura del Boyero, que en la posterior mitología latina iría más dirigido a una historia que veremos más adelante en este mismo anexo. También se dice que Hera acudió a Poseidón para pedirle que no permitiera a las osas bañarse en las aguas celestiales, convirtiéndolas así en parte de las indestructibles al no desaparecer nunca del cielo. Es probable que Poseidón hubiera escuchado a Hera, puesto que se trata de su hermano y, además, entre Hades, Zeus y Poseidón no se llevaban demasiado bien, pero veo más creíble que Hera solicitara la ayuda de su niñera, pues el equilibrio entre los tres hermanos siempre era delicado y solían ser más metódicos a la hora de importunarse entre ellos. Otra cosa llamativa es la larga cola que lucen ambas osas, y es que se cuenta también que Zeus, al catasterizarlas*, agarró a ambas por las colas y las giró con fuerza hasta lanzarlas al cielo. El caso es que, escojamos la versión que prefiramos, las osas son dos de las constelaciones más conocidas y representativas del cielo en el hemisferio norte, que además encierran conocimientos que iremos desgranando en los siguientes párrafos.

Que estas constelaciones hayan sufrido la maldición de Hera y Tetis de no disfrutar del descanso proporcionado por ocultarse en el horizonte, y recrearse en las aguas celestiales, es la explicación de lo que es una constelación circumpolar, las famosas indestructibles que pregonaban los antiguos griegos. Se trata de las constelaciones que, sin importar la época del año que sea, siempre están presentes en el cielo, ya que no llegan a ocultarse por el horizonte. Estamos hablando en este caso, de constelaciones situadas en el hemisferio norte y muy cercanas a la estrella Polar. Además, el espacio ocupado por las constelaciones que llamaríamos circumpolares será mayor conforme nos situemos más al norte en el planeta. En el caso extremo de plantarnos justo en el Polo Norte, dispondríamos de la estrella Polar en el cenit y se vería muy claramente a

Alphecca

Nusakan

Thiba

Nekkar

Vacío

Izar

Seginus

ρ Boo

Boyero

Alkaid

Arturo

NGC 5466

M51

NGC5195

Galaxia del Girasol

M 3

Muphrid

La Sup

Galaxia Ojo de Co

Cor Caroli

Galax

Perros de Caza

Galax

Cabellera de Berenice

Galaxia de la ballena

M 53

Galaxia Ojo Negro

Vindemiatrix

M 90

Galaxia

Mapa de objetos de Las Osas

asich

Osa Menor

Pherkad

Kochab

Cúmulo Polarissima

Estrella Polar

Thuban

Molinillo

Alioth

Megrez

Galaxia del Cigarro
Galaxia Bode

Dubhe

M109 Phecda

NGC 2403

M97 M108
Merak

Osa Mayor

ψ UMa

Alhaud V
Galaxia Ojo de Tigre

resto de estrellas girar en torno a ella. Desde el cenit al horizonte todas ellas realizarían una danza estelar en la que ninguna de las constelaciones del cielo se ocultaría. Sin embargo, en España, estamos a una latitud de unos 40° norte, similar a la de la antigua Grecia, y consideraremos indestructibles a las constelaciones que entran en el círculo de los 40-50° que habría desde la estrella Polar hasta el horizonte. Podemos apreciar cuales serían nuestras constelaciones indestructibles en la siguiente imagen en la que disponemos desde los 90° de la Polar descendiendo de diez en diez en cada circunferencia que se acerca más al horizonte.

La lista de constelaciones indestructibles estaría formada por Osa Menor, Osa Mayor, Cefeo, Casiopea, Draco (o el Dragón) y Camelopardalis (la Jirafa). Esto nos indicaría que, para saber en qué época del año podemos disfrutar de las constelaciones de esta historia, la Osa Mayor y la Osa Menor están presentes en nuestros cielos nocturnos durante todo el año.

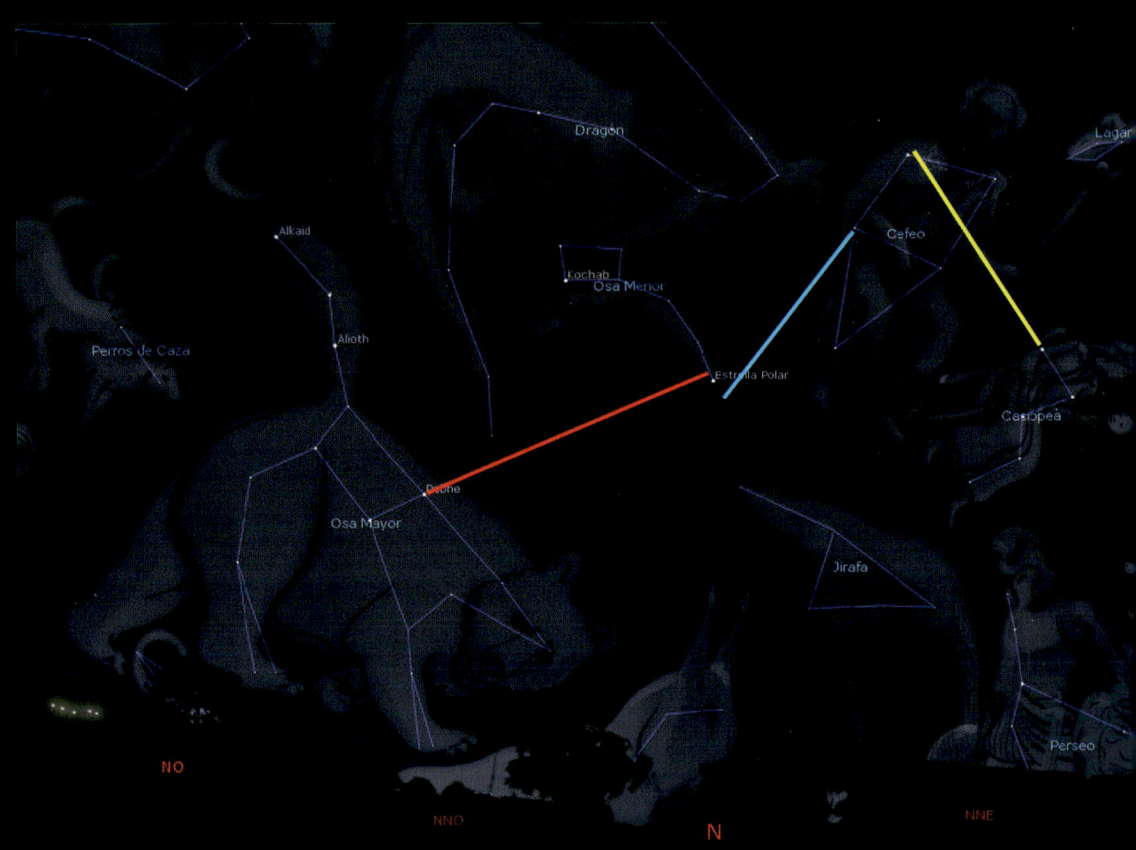

En cuanto a Canis Venatici y Boyero, deberemos especificar ciertas fechas, ya que, aunque nos acompañan mucho tiempo debido a su cercanía a la Polar, no forman parte de las indestructibles. Así pues, Canis Venatici se empieza a ver entero en los anocheceres a partir del 18 de febrero en el horizonte noreste y Boyero, con su estrella Arturo, para finales de marzo. Ambos comienzan a desaparecer a la par por el noroeste para los primeros días de noviembre.

Lo siguiente sería aprender a localizarlas en el cielo. Para ello haremos uso del asterismo* del Carro, la parte más conocida de la Osa Mayor y que, formado por siete estrellas muy brillantes, se puede ver cualquier noche del año siempre que el cielo esté despejado y el horizonte sea bajo, en dirección hacia el norte o sus alrededores. No debemos preocuparnos de saber el punto cardinal al que miramos, ya que, si localizamos la Osa Mayor, esta nos servirá para encontrar la Osa Menor y, más concretamente, la estrella Polar, la cual sí nos estará dando la posición del Norte con mayor exactitud. Para ello solo tenemos que usar Merak y Dubhe, las dos estrellas de la parte trasera del carro, y prolongar la distancia entre ellas unas cuatro veces en línea recta.

Eso nos llevará justo al lado de la estrella Polar (línea roja en el mapa), ya que las estrellas que rodean a esta son mucho menos brillantes y, dependiendo del cielo del que disfrutemos, será posible que ni tan siquiera las veamos. La Polar es la estrella que tira del conocido como Carro Pequeño, que es la Osa Menor y tiene una forma idéntica al Carro, pero en posición invertida a este.

Existe otra forma de encontrar la Polar y, por lo tanto, el Norte si no contamos con la Osa Mayor en el cielo (porque se encuentre demasiado baja y nos la oculte un horizonte alto o por estar algo nublado). Para ello debemos seguir las siguientes indicaciones. Primero de todo debemos intentar encontrar en el cielo la W que dibuja la constelación de Casiopea (puede que en ciertos momentos sea más bien una M, dependiendo de su posición en el cielo). Con Casiopea a la vista, la utilizamos para llegar a Cefeo como vemos en el mapa de localización. Para ello prolongamos la unión entre la α y la β de Casiopea, que son sus dos estrellas más bri-

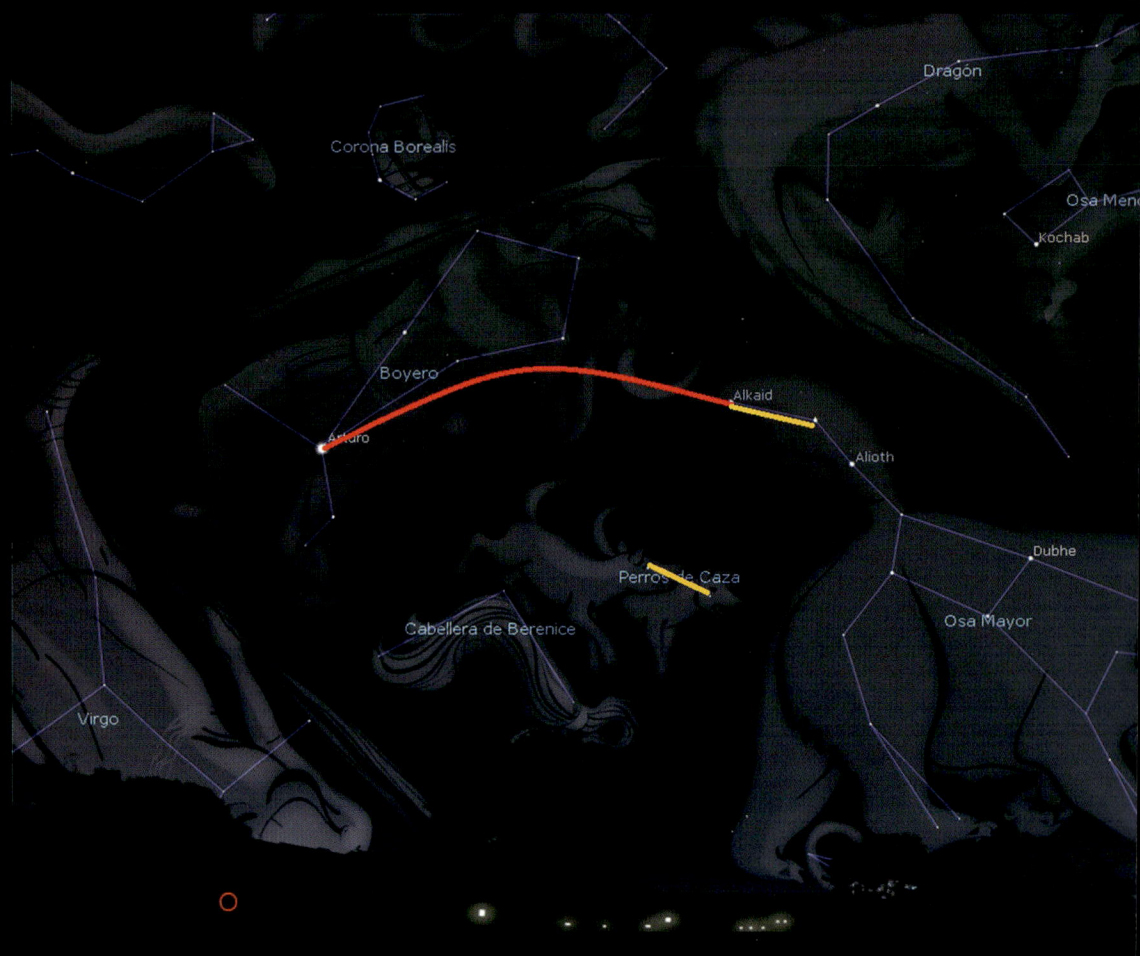

llantes y corresponden a uno de los lados de la W (línea amarilla en el mapa de la página anterior). Cefeo parece una casita y la pared más brillante de la casita también resulta ser la formada por su α y su β. La prolongación que hacemos desde Casiopea nos lleva directamente a la α de Cefeo. Tomando esa pared de la casita y prolongándola más allá del tejado nos llevará muy cerca de la estrella Polar (línea azul del mapa).

Nos quedaría encontrar a Boyero y a Canis Venatici. Para ello será necesario también el Carro. Como el Carro es un asterismo tan llamativo de nuestro cielo, podemos perder un momento en saber algo más del mismo. En las diferentes culturas se le ha llamado y se le llama de múltiples formas. Tanto en Francia como en USA se lo conoce como el Cazo; en Holanda, como la Sartén; el Arado en Inglaterra (aunque también se relaciona con la leyenda artúrica diciendo

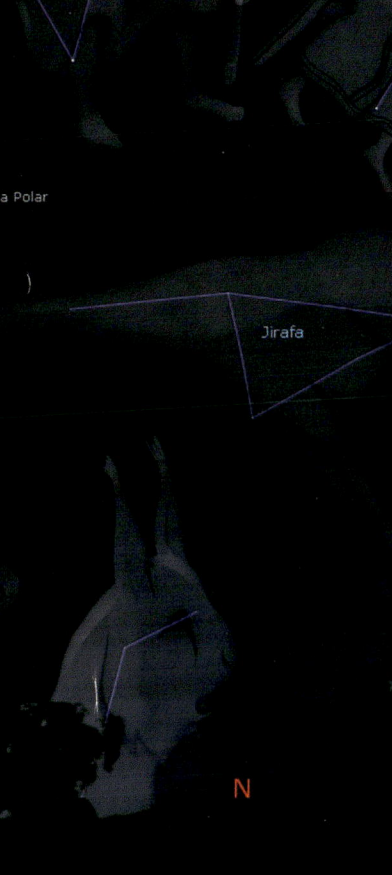

Jirafa

N

que es el carro del legendario rey); un carro tirado por tres caballos para los germanos; para algunas tribus de indios nativo-americanos son siete cazadores que persiguen a una osa, mientras que los siux veían en estos siete luceros a una mofeta por su larga cola. Los romanos veían a siete bueyes guiados por la estrella Arturo (Arcturus) y, del latín, según esta imagen, proviene la palabra *septentrional*, que para nosotros hace referencia al norte, proviniendo de una contracción y modificación del latín que significaría «siete bueyes». Usando el Carro como si de un cazo o sartén se tratara, podemos hacer con su asa el movimiento para voltear la tortilla y esa curva, que dibujamos en color rojo en el mapa, nos lleva justamente a la estrella Arturo del Boyero que, al ser una estrella tan brillante, es muy sencilla de localizar.

Para encontrar la pequeña Canis Venatici, necesitamos las dos primeras estrellas del Carro: Alkaid y Mizar. Como vemos en el mapa, las estrellas α y β de Canis Venatici son casi un calco de estas dos estrellas, aunque posicionadas algo más abajo de la Osa Mayor y menos brillantes, como a unos 15°. Aparecen en el mapa representados ambos pares en amarillo.

OSA MAYOR

Se trata de una constelación muy grande, que ocupa más cielo del que aparenta; esto es debido a que la gente solo suele conocer de ella las siete estrellas más brillantes, que forman el famoso Carro: Alkaid, Mizar, Alioth, Megrez, Phecda, Merak y Dubhe.

En el Carro disponemos de un sistema de probada validez para determinar si alguien tiene buena vista. Deberemos localizar la estrella situada en medio de las tres que tiran del carro; hablamos de Mizar (Zeta ζ Ursae Majoris). Realmente, esta estrella tiene una compañera que está solo a 12 minutos de arco de ella; su nombre es Alcor. Si eres capaz de verla a simple vista, has de saber que los antiguos árabes te hubieran podido seleccionar como vigía, ya que es prueba de buena vista (Mizar tiene una magnitud* de 2,23, mientras que la de Alcor es de 3,99). Pero, si dispones de un telescopio, es interesante apuntar a esta pareja, que te

Osa Mayor. Imagen de mosaico de M82 obtenida con el telescopio espacial Hubble.
de NASA, ESA & The Hubble Heritage Team (STSCI/AURA)

sorprenderá con el desdoblamiento de Mizar, ya que esta es en realidad una binaria cuya separación es de tan solo 14 segundos de arco y, dependiendo de los aumentos de que dispongas, podrás observar las tres a la vez en el ocular.

En el territorio propio de esta constelación disponemos de un variado elenco de objetos pertenecientes al Catálogo Messier*. Esto es debido a que la zona es rica en cuerpos del espacio profundo y a que es una constelación muy grande, ya que con un 3,102 % del cielo es la tercera constelación con mayor campo de toda la esfera celeste. Además, contiene 209 estrellas con una magnitud inferior al 6,5 que determina la agudeza visual en un cielo en perfectas condiciones y sin contaminación lumínica.

Ejemplos de todos esos objetos Messier son M81 y M82, dos galaxias casi pegadas una a otra y situadas entre la zona correspondiente a la cabeza de la Osa y la constelación Camelopardalis. M81, conocida como galaxia de Bode (aparece así en el mapa de localizaciones), es de tipo espiral* y la podemos observar con prismáticos, casi con toda seguridad, incluso desde la ciudad, pero con telescopio y buenas condiciones de visibilidad se muestra impresionante. Su compañera M82 es una galaxia estrecha y alargada que se conoce con el nombre de galaxia del Cigarro; es más difícil de disfrutar y menos espectacular, porque parece estar tan de canto que, incluso con los grandes telescopios profesionales o fotografías del Hubble*, no se distingue bien la clase de galaxia que es. Sí que es interesante la cuestión de que, en 2014, más concretamente el 21 de enero, se descubrió en esta galaxia, de forma fortuita, puesto que fue en una sesión de enseñanza de pregrado del Observatorio de la Universidad de Londres, la supernova* más cercana descubierta en casi cinco décadas. En la imagen de las páginas anteriores se puede apreciar tanto la supernova (que se encuentra como a las diez en punto de la estrella más brillante de la fotografía que pertenece a nuestra propia galaxia y está mucho más cerca de nosotros) como la dificultad de catalogar el tipo de galaxia que corresponde a M82.

Ya con el telescopio, tendremos la posibilidad de observar M101, una gran y extensa galaxia espiral que puede apreciarse con un cielo muy oscuro. La puedes encontrar en el mapa con el nombre de galaxia del Molinillo. Se trata de una de nuestras vecinas más cercanas, a 16 millones de años luz de la Vía Láctea*.

M97, también conocida como la Nebulosa de la Lechuza, es una nebulosa planetaria* oval que aparenta una lechuza cuando la podemos observar con telescopios de, al menos, 300 mm (aunque para poder localizarla nos bastaría uno de 75 mm).

M108 se encuentra junto a M97, en dirección hacia Merak (Beta β Ursae Majoris), solo a grado y medio al SE de esta brillante estrella. Es una galaxia de 10,1 de magnitud, muy alargada, pero situada de perfil.

Osa Mayor. M101, galaxia del Molinete. imagen obtenida
por el telescopio espacial Spitzer

M81. NASA, ESA & The Hubble Heritage Team (STSCI/AURA)

Osa Menor, imagen de NGC 6217 obtenida con el telescopio Hubble. De NASA. CC

Por último, cabría destacar también a M109, que se encuentra a tan solo 40 minutos al SE de Phekda (Gamma γ Ursae Majoris); es otra galaxia, del tipo barrado*, en esta ocasión de magnitud 9,9.

OSA MENOR

La Osa Menor es menos atractiva a los ojos de los astrónomos, si exceptuamos algo único que ocurre en ella. Hablamos de la estrella Polar (Alpha α Ursae Minoris). Podríamos decir que es la estrella más importante del cielo nocturno; al menos en nuestro hemisferio norte, dado que esta estrella se encuentra a casi un grado del polo exacto. Esto implica que, cuando la Tierra se mueve sobre sí misma, en su giro de rotación, a nosotros, que estamos situados en su superficie, nos parece que es el cielo el que se mueve en torno a nuestras cabezas. Pero, en ese movimiento, durante la noche, tenemos la sensación de que las estrellas se mueven realizando una circunferencia en torno al polo celeste. Este polo celeste es el punto al que llegaría el eje imaginario sobre el que rota la tierra al salir por el Polo Norte y prolongarlo hacia el cielo. Ocurre que la posición de ese polo celeste está justo al lado de esta estrella, que llamamos Polar por ello. Debido a esto, al observar todas las estrellas del cielo durante un tiempo, parecen girar en torno a esta estrella, que parece ser la única en no moverse del cielo.

Una práctica bien sencilla para tener una mejor percepción de esto es usar una cámara fotográfica que disponga de tiempo de disparo y dejarla haciendo una fotografía de larga exposición (contra más tiempo mejor, pero con 5 minutos ya será suficiente). Hay que situar la cámara de tal forma que en la imagen nos vaya a aparecer la estrella Polar. Al ver la fotografía podremos observar que las estrellas aparecen como trazas que forman una circunferencia en torno a la Polar, que es la única que apenas ha marcado traza por estar tan cerca del polo. Además, cabría destacar que la estrella Polar es una estrella variable de tipo Cefeida*.

Como la estrella Polar está en esa privilegiada posición, es importante saber localizarla, porque, si sabemos dónde se encuentra en el cielo nocturno, podremos orientarnos. Al inicio de este anexo disponemos de un par de ideas de cómo encontrar esta importante estrella que, sin embargo, no es excesivamente brillante, ya que cuenta con una magnitud aparente* de 1,97. Kochab (la β Ursae Minoris) tiene una magnitud de 2,07.

En la pequeña región de la Osa Menor (con 0,620 % del cielo es la constelación número 56 en tamaño) solo hay 39 estrellas con magnitud menor que 6,5 y también podemos encontrar un par de objetos de espacio profundo, pero de magnitudes tan cercanas a 12 que no merece la pena preocuparnos demasiado por ellos: la galaxia Enana de la Osa Menor y el NGC 6217.

CANIS VENATICI

La pequeña constelación de Canis Venatici (los perros de caza) contiene algunas joyas que no podemos perdernos. Tal es el caso del M3, un cúmulo globular* que se encuentra a mitad de camino entre Cor Caroli y Arturo de Boyero. Se encuentra a unos 35 000 años luz de nosotros y tiene 200 años luz de ancho. Si se utiliza un telescopio pequeño puede empezar a apreciarse las estrellas que lo forman.

El cúmulo globular M3 (también conocido como objeto Messier 3, Messier 3, M3 o NGC 5272) se encuentra en la constelación de Canis Venatici. De ESA/Hubble. CC

Cor Caroli (Alpha α Canum venaticorum), que acabamos de nombrar, es la estrella más importante de Canis Venatici. Su nombre parece provenir de Edmund Halley, que se la dedicó
a su mecenas Carlos II llamándola Corazón de Carlos. Al telescopio resulta ser una estrella
doble*, con 20 segundos de arco de separación. Su magnitud aparente* es de 2,89.

También tenemos M51, la galaxia del Remolino, una galaxia espiral* de las más conocidas en
astronomía, ya que su imagen es una de las que más circulan por la red. Con una magnitud
de 8 y un brillante núcleo, destaca por tener una pequeña compañera, NGC 5195.

No podemos olvidarnos de una variable como Y Canum Venitacorum (E-B 364), que fue bau-
tizada por Secchi en el siglo XIX como La Superba; es una estrella roja que varía su magnitud
de 5,2 a 6,6 en 157 días.

M63, conocida como la galaxia del Girasol, es una galaxia espiral que aparentemente forma
parte del grupo de la galaxia del Remolino. Su magnitud es muy cercana a 9.

Y para terminar, M94 (galaxia Ojo de Cocodrilo) y M106 son galaxia espirales con magnitud
8,7 y 8,9, respectivamente. Canis Venatici es, en definitiva, una pequeña constelación que
ocupa un 1,128 % del cielo, lo que la coloca en la posición 38, y que contiene 59 estrellas
con magnitud menor de 6,5, pero también alguna de las galaxias integradas en los objetos
Messier* más llamativas.

BOYERO

Boyero o Boötes es una constelación grande, con 2,198 % ocupa la posición 13 en cuanto
a tamaño, pero, por el contrario, no disfruta de la variedad de objetos de otras, como, por
ejemplo, su pequeña compañera Canis Venatici.

Así pues, solo cabría destacar Arturo o Arcturus (Alpha α Boötis), que es la estrella más
brillante de la constelación y de las más brillantes del cielo, debido a su cercanía, ya que se
encuentra a tan solo 37 años luz de nosotros. Es una estrella entre amarilla y anaranjada
que ha cambiado su posición en el cielo de una forma remarcable en los últimos 2000 años
(unas dos veces el diámetro aparente de la Luna), lo que indica que tiene un movimiento
propio, con respeto a nuestro Sol, bastante grande. Su magnitud aparente* con respecto a
nosotros es de -0,04, lo que la hace la tercera estrella más brillante del cielo por detrás de
Sirio y Canopus. 143 estrellas más la siguen hasta una magnitud aparente de 6,5 en Boyero.

No contiene objetos de espacio profundo de interés a excepción del NGC 5466, conocido
como el cúmulo Bola de Nieve, que es un cúmulo globular* situado a unos 51 000 años luz
de nosotros y que fue descubierto por William Herschel en 1784. Tal es la falta de objetos

en la constelación, de un tamaño tan grande, que se da el caso de que cuenta con una zona denominada el Vacío del Boyero (o Gran Vacío), una gigantesca región con un diámetro de unos 350 millones de años luz que contiene tan pocas galaxias como para haberse ganado ese nombre.

CALISTO

Para cerrar este mito debemos pararnos otra vez en el gigante del sistema solar: Júpiter. Este planeta tiene la nada despreciable cifra de 95 lunas (actualizada a septiembre de 2024) y, como ya hemos comentado anteriormente, muchas de estas tienen nombres relacionados con el padre de los dioses, al que orbitan, pues recordemos que Júpiter es el nombre romano de Zeus.

Calisto, otra de las conocidas amantes de Zeus, dio nombre a uno de los satélites más grandes del planeta, uno de los cuatro descubiertos por Galileo Galilei en 1610. Es el tercer satélite más grande del sistema solar y el más alejado de estos cuatro famosos compañeros de Júpiter. Tiene casi el mismo diámetro que Mercurio, pero apenas un tercio de su masa. Cuenta con una superficie tan repleta de cráteres que se cree es la más antigua de los cuerpos observados del sistema solar. Esa superficie está formada por rocas y hielo.

El satélite no está influido por la resonancia orbital que sí afecta a sus tres hermanos galileanos y, por lo tanto, no sufre un calentamiento apreciable por las fuerzas de marea. Además, tiene una rotación síncrona, que significa que su periodo de rotación concuerda con su periodo orbital en torno a Júpiter (al igual que le sucede a nuestra Luna). Se le ha descubierto una atmósfera extremadamente fina de monóxido de carbono y oxígeno molecular y los últimos estudios sugieren que hay cantidades mucho más altas de este último de lo esperado en un principio. La composición de la superficie, con un 40 % de hielo de H_2O, no es capaz de explicar por sí misma la existencia de tanto O_2, por lo que se sugiere la existencia de otra fuente oculta, ya que ni siquiera cubierta un 100 % con hielo de agua se podría llegar a tales niveles de oxígeno molecular. Las misiones Europa Clipper de la NASA y Jupiter Icy Moons Explorer (Juice) de la ESA podrán, quizás, desvelar este misterio a su llegada a las lunas de Júpiter.

IMPACTOS EN LA LUNA CALISTO DE JÚPITER. DE
NASA/JPL/DLR (GERMAN AEROSPACE CENTER)

Corona Borealis

Minos y Pasifae eran los reyes de la poderosa isla de Creta. Minos había mandado a Dédalo crear un laberinto en el que tener encerrado al famoso Minotauro, un ser con cuerpo de humano y cabeza de toro que había nacido de la unión de Pasifae con el Toro de Creta. Los reyes tenían una hija, Ariadna, que era por tanto hermana del Minotauro, una joven bella y cariñosa, todo lo contrario al salvaje hermano que le habían dado los dioses.

El Minotauro era una aberración surgida del castigo que Poseidón había impuesto a Minos por querer quedarse un magnífico toro blanco que debía sacrificar en su nombre. Se trataba de un auténtico monstruo que devoraba carne humana y de ahí surgía la necesidad de encerrarlo en un laberinto.

Por suerte para Minos, había ganado una contienda contra Atenas, en la que obtuvo como tributo el envío de catorce vírgenes todos los años; siete muchachos y siete muchachas. Así, al menos, aunque era un horrible fin para aquellas y aquellos jóvenes, no se veía en la necesidad de sacrificar a su propio pueblo. De cualquier manera, la situación era muy delicada y dado que el Minotauro era un castigo divino, Minos temía intentar deshacerse de él.

Entonces llegó Teseo, dieciocho años después de la imposición del tributo, un muchacho de Atenas que era hijo del mismísimo rey Egeo, aunque se decía que su verdadero padre era Poseidón. Ante la situación de su patria, que debía mandar a catorce jóvenes a morir todos los años a Creta, decidió acabar con el Minotauro para que el tributo ya no fuera necesario. Cuando llegó a la isla entre los vírgenes de ese año, conoció a Ariadna, la princesa. Ambos se enamoraron perdidamente y en secreto. La joven se vio con el príncipe ateniense y le pidió y suplicó que no entrara al laberinto, pues sabía del destino que le aguardaba y no quería perderlo. Sin embargo, tanto Minos como él mismo estaban decididos a que entrara: él porque creía que podía matar al Minotauro y así acabar con la muerte de jóvenes atenienses a sus manos y Minos porque era uno de los siete muchachos vírgenes de la ofrenda de ese año y porque era el hijo de Egeo; arrebatárselo iba a ser de lo más placentero.

Ariadna decidió actuar por su cuenta y fue llorando al anciano y retirado Dédalo, rogándole que ayudara a Teseo. El viejo constructor le entregó a la princesa un ovillo de lana. Le explicó que era el ovillo que él mismo había usado durante la construcción del laberinto, para no perderse en su interior. Debía atarlo en la entrada e ir desenrollándolo en su avance. Así, una vez eliminado el monstruo, solo debería enrollar de nuevo el ovillo para salir.

Ante la sorpresa de los reyes y de todos los presentes, Ariadna corrió a la entrada del laberinto y abrazó a Teseo llorando. En su despedida, a escondidas, le entregó el ovillo y le dijo que lo usara para encontrar el camino de vuelta hasta ella. La dulce Ariadna estaba perdidamente enamorada de Teseo y creía que lo iba a perder. Quedó desconsolada, derrumbada en el suelo gimiendo de pena mientras las puertas se cerraban con Teseo y las otras ofrendas abandonadas dentro del laberinto.

El joven anudó el extremo del ovillo a la entrada, una vez habían cerrado esta, y se internó por los enrevesados pasillos. Consiguió acabar con el Minotauro y regresó gracias al ovillo. Gracias a Ariadna.

Ya afuera del laberinto se celebró una gran fiesta y Minos agradeció a Teseo haberle librado de tal maldición, pero el joven sabía que, en parte, el mayor peso de esa maldición había recaído en Atenas y le hizo saber que solo por ello lo había hecho. Acompañado de los pocos supervivientes que salieron con él del laberinto, marchó a tomar un barco que le devolviera a casa. Se llevó a su enamorada con él, a pesar de las objeciones de sus padres. Ariadna era infinitamente feliz. Partía de la isla con su amado Teseo, para casarse con él y gobernar en la culta Atenas.

Por eso fue tan duro para ella que Teseo la dejara abandonada en Naxos. Habían desembarcado en la isla, de vuelta a Atenas, para hacer noche y, cuando Ariadna despertó a la mañana siguiente, el barco ya no estaba. La desesperación se apoderó de la joven. Comenzó a vagar por la isla llorando y lamentándose por el acto de su amado. A pesar de que la isla estaba habitada, no se encontró con nadie y pasó todo el día intentando descubrir qué había hecho mal para que Teseo la hubiera dejado allí. Su mente estaba a punto de quebrarse cuando se acurrucó a esperar la noche y la muerte. Cayó rendida enseguida y sus sollozos se apagaron. Despertó con el amanecer. Pensó que era la salida de sol más hermosa que había visto nunca, pero eso le hacía sentir mayor tristeza, porque ese sol bajaría de nuevo y vendría la oscuridad, una oscuridad que, a pesar de la luz del astro rey, estaba ya atenazada en su corazón. Tenía hambre y sed, pero eso no le importaba, solo quería saber por qué Teseo la había abandonado.

En la playa donde se encontraba no había agua dulce y su sed iba creciendo. Sabía que beber agua de mar producía locura, pero, a pesar de ello, como lo único que sus labios habían probado eran sus amargas lágrimas, no le importó. «Si la locura da paso a la muerte, o me hace olvidar a Teseo, habrá valido la pena –pensaba la princesa–; tal vez debería poner fin a mi vida y así acabar con este dolor».

—¿Y por qué acabar con tu vida? Cualquier vida es preciosa y la tuya más que ninguna que haya visto en esta isla.

Ariadna se asustó. No había visto al hombre que le había hablado. Estaba frente a ella, de pie, con los brazos en jarra. Era apuesto y de mediana edad, de cabello moreno y rostro algo redondeado y sonrojado. La miraba con una sonrisa. Movió su mano derecha hacia el rostro de la joven princesa y limpió una lágrima que corría por su mejilla.

—Parece que algún triste suceso ha destrozado tu corazón, joven dama. Pero déjame decirte que, tras algo triste, solo puede llegar algo mejor y aquí estoy para demostrártelo.

Ariadna sollozó de nuevo. Apenas podía hablar al desconocido. Sus palabras eran amables e intentaban ser tranquilizadoras para ella, pero solo tenía ganas de abandonarse del todo y que la muerte la tocara.

—¿Qué puede haberte hecho sentir tan mal?

—Viajaba con mi amado Teseo e hicimos escala aquí para pasar la noche. Al despertar me había abandonado a mi suerte en esta maldita cala.

—Y continuas aquí esperándole.

—He andado y andado, pero mis pasos me traen de nuevo hasta aquí. Debo de estar volviéndome loca.

—No, querida, es normal tu dolor, pero has de darte cuenta que te encuentras aquí esperando que, en el mismo lugar en el que tu corazón se ha roto, se recomponga. Esperas ver a Teseo aparecer con su barco tras esas montañas. Pero tal vez tu corazón se rehaga de otra manera... Déjame hacerte compañía. Prepararé un fuego para que te calientes y te haré algo de comer, pareces hambrienta.

La princesa de Creta no consiguió contestar a la amabilidad del hombre, los sollozos se lo impidieron. Cuando pudo hablar y darle las gracias, él ya había reunido un montón de ramas y estaba encendiendo el fuego cerca de ella, al abrigo del viento.

Ariadna pronto entró en calor y él empezó a cocinar carne en el fuego, pinchada en un espetón. De vez en cuando le daba vueltas, pero la mayor parte del tiempo la pasaba sentado con ella y hablaban de nimiedades mientras la carne se asaba lentamente. Hablaban de cosas que no le hicieran recordar su reciente trauma. El hombre controlaba a la perfección la conversación.

—¡Qué torpeza la mía! Recuerdo que habías dicho que tenías sed. —Ariadna pensó y no logró recordarlo, pero si él lo decía sería cierto. En verdad estaba sedienta pues recordaba que el hombre había aparecido cuando se había dispuesto a beber agua de mar—. Toma —le dijo él—. No bebas mucho, porque no tienes nada de comida en el cuerpo desde hace tiempo, pero un trago de vino será lo mejor; te calentará un poco y aplacará la sed. El vino es lo mejor que hay y el de Naxos está muy rico.

Ariadna cogió el pellejo que el hombre le ofrecía con una sonrisa y comenzó a beber. Él mismo tuvo que quitárselo, recordándole de nuevo su estómago vacío. Después se levantó para mover de nuevo la carne.

—Ya queda poco, en nada podremos comer.

—Muchas gracias, eres un verdadero encanto.

—Dímelo mientras pruebas mi especialidad —dijo con una sonrisa acercándole un cuenco con parte de la carne asada humeante.

Ariadna le devolvió la sonrisa y probó la comida. La piel estaba crujiente y la carne era muy jugosa. No pudo sino alabar al cocinero.

Comieron con calma allí sentados, en la cala, resguardados del viento y con un gran fuego que de vez en cuando atrapaba sus miradas y les mantenía largos ratos en silencio, solo observándolo y oyendo el crepitar de la madera mientras se consumía. El sol fue descendiendo.

—No tengo duda de que eres una mujer especial, Ariadna. Permíteme que te haga un presente digno de ti.

El hombre sacó de entre sus ropajes una fina y delicada corona de oro con una preciosa joya blanca en su centro. Se la colocó con ternura en la cabeza tras peinarla un poco, pues dos días en la playa habían dejado sus cabellos bastante alborotados.

—Estás preciosa, princesa. Es la corona digna de una reina.

Ariadna comenzó a llorar de nuevo.

—Muchas gracias, pero eres un completo desconocido, no puedo aceptar este hermoso regalo.

—No sería un desconocido si aceptaras casarte conmigo. Yo te conozco desde hace mucho y te amo, princesa de Creta.

—No puede ser. Comprendo que puedas conocerme, aunque yo a ti no, pero no puedes amarme. Mira que desastre soy. No debes amarme. Además, estoy enamorada de Teseo. Tú eres un simple mortal y Teseo, a pesar de lo que digan, yo sé que no es hijo de Egeo, sino del mismísimo Poseidón. Nada puedes hacer contra eso. Teseo es un semidiós y ocupa mi corazón a pesar de lo sucedido. Algo ha debido obligarle a dejarme aquí y, si no fuera así, prefiero morir.

—Un semidiós que te ha abandonado en Naxos. ¿Y si un dios te hubiera encontrado?

—Después de lo amable que has sido conmigo, ¿serias capaz de engañarme con tal de obtener mi mano? Eso no te dejaría en mejor lugar que a Teseo.

—Pero soy Dioniso —dijo el hombre apesadumbrado por las palabras de la joven princesa.

—El dios del vino. Muy apropiado siendo que eso es lo que me ofreciste. Lo siento, pero no te creo, eres un mortal que quiere aprovecharse del momento de flaqueza de una mujer que necesita cariño. Eres un buen hombre, pero yo quiero algo más... —dijo devolviéndole el presente que hasta ese momento adornaba su cabeza.

—La corona que me devuelves la forjó el mismísimo Hefestos para ti. Yo se lo pedí.

—Eres muy amable, de verdad, pero quédatela, no te creo.

El hombre se levantó contrariado y cogió la corona que Ariadna llevaba tiempo ofreciéndole. La miró con ternura y suspiró.

—Si te demuestro mi divinidad, ¿aceptarás casarte conmigo?

—Sí.

Ambos se sorprendieron de la respuesta. Dioniso no pensó más en ello y se giró hacia la cala. El sol se había ocultado ya y las estrellas brillaban en el firmamento. Arrojó la corona al aire, con tal fuerza que subió y subió. Ariadna no lo podía creer. Se levantó para verla mejor. Finalmente, llegó a la cúpula celeste y quedó allí prendida con su luminosa gema blanca en el centro, destacando sobre el resto de la corona.

—¿Me crees ahora?

—¡Por los dioses! En verdad eres Dioniso. Lo siento, mi señor. Siento haber dudado de tu palabra. Claro que me casaré contigo, si aún me aceptas.

—Ven preciosa Ariadna, por supuesto que quiero casarme contigo. Llevo tiempo enamorado de ti, como para dejarte escapar ahora que por fin te tengo. Que esa corona en el cielo señale a partir de ahora y para siempre nuestra unión y el amor que siento por ti.

Anexo astronómico

Es curioso ver que una de las historias más famosas de la mitología griega, como es la de Teseo y el laberinto del Minotauro, no tenga representación en las constelaciones de la esfera celeste y, sin embargo, esta suerte de continuación de la misma sí que la tenga. Por ello, dado que esa gran historia es, en este caso, el prólogo de este mito más pequeño que trata de la princesa Ariadna y su corona, es justo que, aunque sea de forma muy resumida, la contemos aquí, para darla a conocer y para que nos sitúe en la acción de lo que estamos relatando, dando así un poco más de profundidad al personaje de Ariadna.

Pero, ¿cuál fue el motivo por el que Perseo abandonó a Ariadna en la costa de Naxos? No se sabe con certeza, pues la historia parece no contarlo, aunque hay varias ideas del motivo del abandono. La primera de ellas dice que Teseo siguió las órdenes de los dioses y tuvo que dejarla allí sola. Otra opción señala que, mientras Ariadna dormía, Teseo fue un momento al barco y un misterioso viento lo alejó de la isla sin permitirle regresar. Otra podría ser la venganza de Teseo hacia Minos por todos esos años de jóvenes muertos en el laberinto; se llevó a su hija, su bien más preciado, locamente enamorada de él, y la dejó abandonada allí a su suerte. Se dice también que podría haber otra mujer en la historia, una de la que Teseo estaba enamorado y que por ella abandonó a Ariadna en Naxos. Y hay quien dice, convirtiendo a Teseo en alguien todavía más frío y calculador, que, una vez Ariadna ya no le sirvió, la dejó allí abandonada. ¿Qué motivo crees que es el verdadero? Yo no sabría decir cual me gusta más.

En cualquier caso, Teseo y Ariadna son personajes muy importantes en la mitología griega y en España me gustaría señalar un lugar interesante que se co-

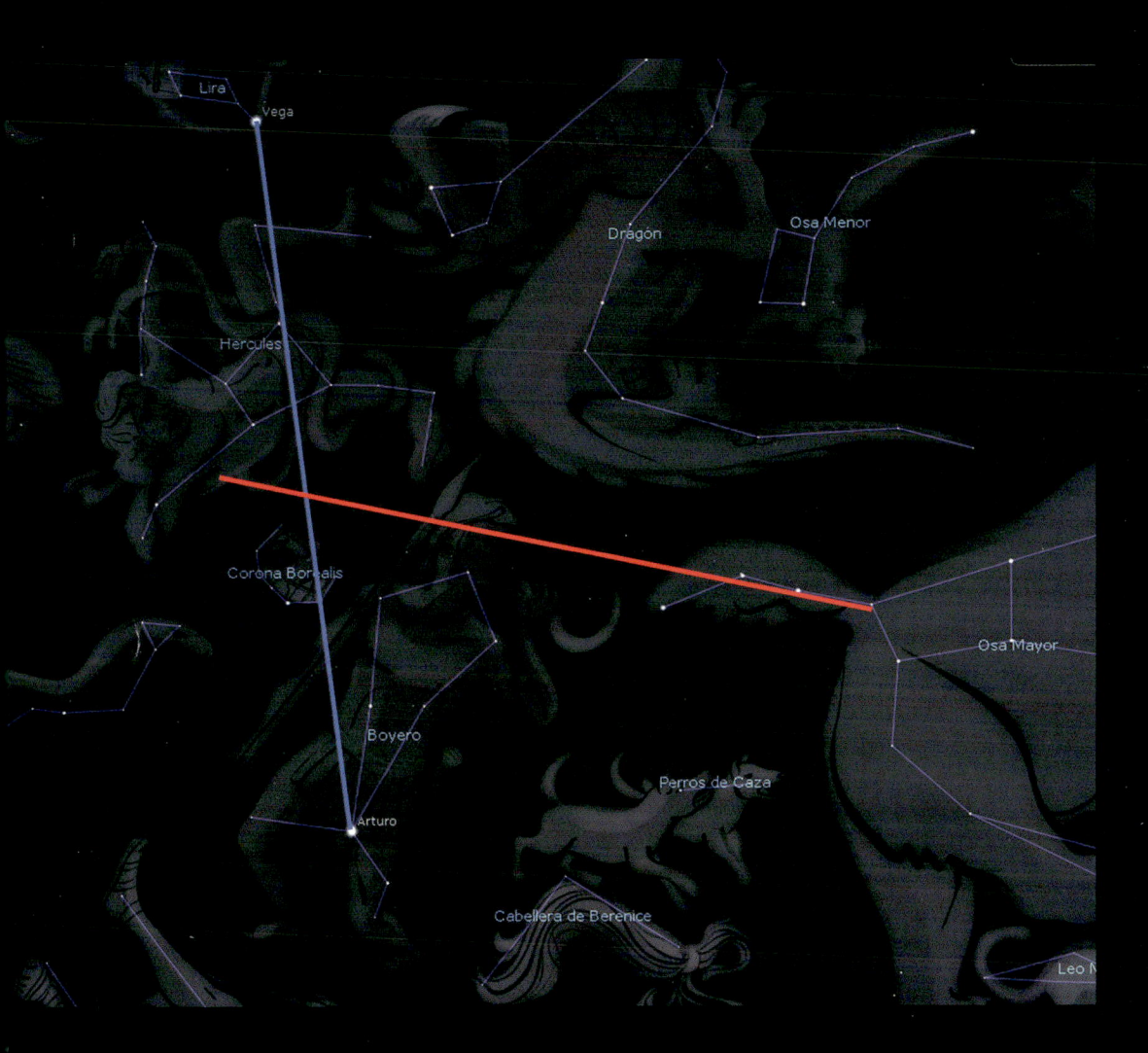

Mapa de localización de Corona Borealis

Corona Bolealis: De Alexander Kurilov. CC

rresponde con ellos y el mito del laberinto del Minotauro. Se trata del palacio del Marqués de Alfarrás, en Barcelona, situado en Horta, recién restaurado y cuyos jardines son un precioso parque a visitar. En ellos se encuentra un laberinto de cipreses cortados que, con estatuas de mármol de Ariadna y Teseo entre otros, te invita a transitarlo con el poema:

Entra y saldrás sin rodeo.
El laberinto es sencillo:
no es menester el ovillo
que dio Ariadna a Teseo.

Regresando a la parte más astronómica de la Corona Boreal, vemos que se trata de una pequeña constelación del hemisferio norte, muy reconocible en el cielo por su forma de semicírculo. Ya apareció en el catálogo estelar de Ptolomeo* y, a pesar de su pequeño tamaño y de no contar con estrellas demasiado brillantes, es fácil de localizar en el cielo, pero antes veamos en que fechas debemos buscarla.

Será hacia el 8 de abril, aproximadamente, cuando esta constelación surja completa por el horizonte noreste nada más anochecer y deberemos esperar al 12 de noviembre en adelante, cuando en los anocheceres empiece a ocultarse por el horizonte noroeste. Vemos por tanto que esta constelación nos acompaña muchos meses y aparece y desaparece muy al norte en nuestro horizonte. Eso es debido a que se encuentra muy cerca de lo que serían las zonas circumpolares que hemos conocido con la historia de las Osas. Eso se traduce en apenas cuatro meses sin poder disfrutar de la Corona Boreal en el cielo.

Para encontrar esta constelación contamos con su forma de semicírculo, bastante reconocible en el cielo a pesar de estar formado por estrellas no demasiado brillantes, pero, además, disponemos de la cercanía de las luminosas estrellas Vega y Arturo, así como de la constelación de la Osa Mayor, cuya parte más conocida como el Carro puede servirnos también para empezar a orientarnos. Por un lado, la línea recta que podemos dibujar en el cielo entre Arturo de la constelación del Boyero y Vega de la constelación de la Lira (color azul en el mapa) pasará por Hércules y por el semicírculo de la Corona Boreal, dejando a un

Mapa de objetos de Corona Borealis (NASA)

lado, por muy poco, a Alphecca, la estrella más brillante de la misma. Pero si esto no nos sirve para localizar la constelación de la Corona Boreal, podemos hacer uso del reconocible carro de la Osa Mayor. Aprovecha para conocer los nombres de las siete estrellas que forman el carro en la historia sobre las Osas que aparece en este mismo libro y, entonces, una vez las

...engas localizadas en el cielo, sigue la línea recta que describen Mizar, Alioth y Megrez (color rojo en el mapa), que pasará un poco por encima de la Corona, como podemos apreciar en el mapa de localización.

CORONA BOREALIS

Esta pequeña constelación tiene forma de semicírculo y, aunque las estrellas que la forman son poco brillantes, es fácil de localizar en el cielo. Hablamos de la constelación número 73 en cuanto a superficie (ocupa sólo el 0,433 % del cielo). Dispone de 37 estrellas con magni tud* inferior a 6,5.

Alphecca es su estrella α y, como tal, la más brillante (magnitud de 2,23) y conocida de la constelación. Su nombre es una derivación del árabe al-na´ir al-fakkah, que viene a significar a (estrella) brillante en el (anillo) roto. Posterior fue el otro nombre con el que se la suele conocer, Gemma, que viene a representar esa bella y brillante piedra que la corona lleva en el centro. Otro nombre atribuido a Virgilio es el de Gnosia, que vendría a relacionar a la estrella y la Corona con Ariadna, ya que hace referencia a la ciudad de origen de la princesa Cnosos de Creta.

Por otro lado, la constelación tiene una curiosa variable cataclísmica*, pero inversa, ya que su luminosidad normal es de 5.9, pero en ocasiones disminuye a 8, para recuperarse lenta mente. Se trata de la R Coronae Borealis (R CrB), que puede verse incluso con prismáticos y que se sitúa dentro del semicírculo de la corona, en un vértice perfecto entre las prolonga ciones imaginarias que podríamos hacer de γ, δ y ε, que son las tres estrellas a la izquierda de Alphecca.

Dentro del trío de estrellas de la corona que nos permiten encontrar a R CrB, ε Coronae Bo realis es una estrella que también nos permite pensar en otros mundos. Ya hemos hablado en este libro de exoplanetas*, pero en esta ocasión tenemos una estrella gigante naranja* con una magnitud aparente de 4,13 que se encuentra a 221 años luz de nosotros. Está fusio nando helio en carbono y oxígeno y tiene una luminosidad 156 veces mayor que la de nues tro Sol. Esta estrella se encuentra acompañada por una enana naranja* de magnitud 12,6 que se encuentra a solo dos segundos de arco visualmente de ella (una distancia minúscula para nosotros, pero que la hace encontrarse realmente a unas 135UA (unidades astronómi cas*) de su compañera). Este complejo sistema dispone además de un planeta que con el nombre ε CrB b se encuentra a solo 1,3 UA de la estrella mayor y girando en torno a ella (a esa distancia un poco mayor que la que se encuentra la Tierra del Sol), siendo sin embargo del tamaño de 6,7 masas de Júpiter y un radio estimado de 1,13 radios de Júpiter. Este gi gante gaseoso situado tan cerca de su estrella tiene que lidiar, sin embargo, con la atracción de la pequeña compañera de esta, lo que debe hacerlo un lugar sumamente interesante

¿Dispondrá a su vez de satélites como nuestros planetas gaseosos?

Por último, encontramos en esta constelación el supercúmulo de la Corona Boreal que, si bien no podemos observarlo los astrónomos aficionados, pues estamos hablando de magnitudes superiores a 15, es algo impactante e interesante de señalar. El supercúmulo está formado por los cúmulos Abell 2061, 2065, 2067, 2079, 2089 y 2092. Se trata de diferentes clústeres de galaxias*. Abell 2065 por ejemplo, contiene alrededor de 400 galaxias y se encuentra a la nada despreciable distancia de mil millones de años luz de nosotros.

IMAGEN DE ALPHECCA, NOMBRE DE LA ESTRELLA α CORONAE BOREALIS EN LUZ VISIBLE.
DE DAVID RITTER. CC

Perseo

Dánae, la bella hija de Acrisio, rey de Argos, vivía encerrada en una torre de bronce. Disfrutaba de grandes comodidades, pues el rey no olvidaba que se trataba de su hija y que era toda una princesa, pero la mantenía apartada del resto de la humanidad porque el oráculo de Delfos había predicho que Acrisio moriría a manos de su propio nieto e iba a hacer lo imposible para que eso no sucediera.

La única persona que la visitaba a escondidas, de vez en cuando, era su querido tío Preto, hermano gemelo de Acrisio, que siempre le prometía que su encierro finalizaría pronto, pues era constante en sus intentos de convencer al rey, por todos los medios, de que detuviera aquella locura y liberase a su propia hija.

La adivina y pitonisa de Apolo no se confundió al decir que Acrisio tendría un nieto, pero que este lo matase aún estaba por ver. Y es que Zeus, terriblemente enamorado de la preciosa y desdichada joven, se le apareció en forma de lluvia de oro y la dejó encinta. El nacimiento de Perseo fue la señal de que el destino de Acrisio estaba cerca de cumplirse y el viejo, encolerizado, se presentó en la torre y entró en las estancias de Dánae.

—Hija, ¿cómo has podido hacerle esto a tu padre?

—Padre, en verdad has de creerme. Ningún hombre ha entrado en esta torre.

—¿Y cómo explicas esa criatura que estás amamantando? Es mi ruina. La predicción del oráculo está más cerca de cumplirse.

—Hace un tiempo un extraño suceso aconteció mientras dormía, querido padre. Yo no te mentiría, pero era algo tan disparatado que no sabía si estaba despierta o soñando.

—Cuéntame, Dánae, espero que tus palabras aplaquen mi ira o sirvan para encontrar la persona hacia la que dirigirla, porque odiaría castigarte todavía más; ya es bastante horror tenerte encerrada aquí dentro…

—Yacía aquí, en la cama, cuando desperté sobresaltada. Sentía algo extraño en la habitación. Miré hacia arriba y vi el techo cubierto de oro.

—¿Oro?

—Sí, padre, tan cierto como que estamos aquí ahora mismo los tres, oro.

—No me recuerdes a ese niño que ha de traer mi ruina si no quieres que acabe con su vida aquí mismo —dijo Acrisio alejándose de su hija y del bebé con los puños crispados.

Dánae continuó, intentando que su padre se centrase en otra cosa que no fuera aquella maldita profecía.

—Aquel oro comenzó a derramarse sobre mí, cubriéndome por completo. Pensé que me iba a ahogar.

—Sin duda eso que cuentas fue un sueño.

—No padre mío, mi rey… Marché corriendo al baño y me lavé lo mejor que pude, pero guardé un poco de ese maravilloso polvo que me cubrió. Creo seriamente que ese fue el momento en que concebí a Perseo.

—¿Perseo es el nombre de mi nieto? ¿Y acaso crees que algún dios tuvo algo que ver en su concepción?

—¿Y qué otra cosa pudo ser, padre?

—Que me mintieras y estuvieras ocultando la identidad del padre, para que yo no lo castigase, pero tú y Perseo seréis los que sufráis el castigo. Esa será la forma en que encuentre a ese rastrero que desacata mis órdenes. Sí, hija mía, el padre aparecerá si es que os quiere, y entonces también él pagará la osadía. ¡Guardias!

Dos guardias entraron en la sala y apresaron a la bella Dánae y con ella a su bebé.

—¡No, padre, nunca os mentiría! ¡Digo la verdad! —gritó la joven mientras los guardias la bajaban por las escaleras.

Acrisio quedó apesadumbrado en el balcón de lo alto de la torre, llorando por lo que el destino le estaba obligando a hacer a su hija para salvar su propia vida y por su poco coraje para enfrentarse a ello sin castigarla. Se prometió encontrar al hombre que había entrado en la torre y acabar con él por su osadía.

Los guardias cumplieron las órdenes que el rey les había dado y llevaron a Dánae y su bebé hasta el puerto de la ciudad. Allí los subieron a bordo de un pequeño barco y marcharon a mar abierto. El niño no paraba de llorar, pues parecía presentir el destino que le aguardaba, pero su madre lo mecía tranquilizándolo, mientras le cantaba preciosas canciones que aprendió cuando era niña y vivía con normalidad fuera de aquella torre. Esos recuerdos ya casi olvidados eran los más felices de su vida; acordarse de ellos en la situación de desesperanza en que se encontraba hizo que derramara lágrimas mientras cantaba.

Cuando el barco estuvo lejos de la orilla llegó el momento. Los guardias no se apiadaron de ellos, pues sabían que el castigo de Acrisio sería peor que la muerte y metieron a madre e hijo en una caja de madera. Clavaron la tapa dejándolos encerrados y los arrojaron al mar. La caja de madera, meciéndose en las olas se alejaba con destino incierto, mientras el pequeño barco regresaba a Argos.

En la ciudad, el rey Acrisio pidió que se hicieran averiguaciones sobre lo sucedido en la torre. Uno de sus hombres de confianza consiguió saber que el gemelo del rey, Preto, había entrado varias veces a la torre, escondido y disfrazado de mujer, para camuflarse entre las sirvientas que atendían a Dánae a diario. El rey, terriblemente enfadado, mandó que llevaran a su hermano ante él, cargado de cadenas. Preto suplicó clemencia y confesó sus entradas a la torre, proclamando el gran cariño que tenía por su sobrina, pero recalcando que él no la había seducido. Acrisio no le creyó y mandó que le ejecutaran al día siguiente.

En esos instantes, Dánae y Perseo seguían sufriendo los envites del mar dentro de la frágil caja de madera. A la deriva, esta crujía sin parar, amenazando con partirse. Perseo lloraba, pero estaban tan incómodos allí dentro que Dánae solo podía apretarlo contra su pecho, intentando calmarlo. El agua fría y salada entraba por algunas junturas de la tapa y poco a poco Dánae iba sintiendo su espalda más mojada. Decidió evitarle sufrimientos a su hijo y arrebatarle la vida ahogándolo. Solo sería un momento. Puso su mano sobre su pequeña nariz y su dulce boquita y apretó con fuerza. Entonces el mar se calmó. Zeus había pedido a su hermano Poseidón ayuda para salvar a Dánae y a su hijo. El dios del mar hizo que este pareciera más tranquilo que una balsa de aceite. Así el agua dejó de entrar por la tapa. Dánae se percató de ello y quitó su mano. El pequeño tosió tomando aire. Perseo seguía vivo, pero él y su madre permanecían encerrados en esa caja de madera. Zeus y Poseidón hicieron que el trayecto de la caja por el mar fuera sosegado hasta que varó en la tranquila isla de Sérifos.

Argos amaneció con el bullicio previo a una ejecución pública. Pero la algarabía era mayor que nunca, debido a que el reo era el hermano gemelo del rey. Preto fue llevado a la plaza mayor de Argos, donde se había preparado un cadalso para darle muerte. Acrisio estaba allí presenciando todo. Él mismo dio la orden de que se llevara a cabo la ejecución. El verdugo dejó hablar a Preto como era costumbre:

—Hermano y rey mío, una vez más os imploro clemencia, pues la locura nubla vuestro buen juicio. Desde que el oráculo os profetizó aquellas funestas palabras habéis sido otro. Dánae era vuestra propia hija y la habéis hecho matar por vivir unos pocos años más. Yo solo trataba de protegerla de vuestra locura y me cuesta también la vida.

—¡Ejecutad la sentencia, verdugo! —gritó Acrisio sin apiadarse de su hermano.

—¡Deteneos, mi rey! —gritó un hombre que se hacía hueco entre la multitud—. Dejadme subir al cadalso para hablar con vos antes de que ejecutéis a vuestro hermano.

El rey hizo un gesto al verdugo, que descansó la espada en el suelo. Hasta ellos llegó aquel que había descubierto los subterfugios de Preto para entrar a la torre.

—Majestad. Dejadme hablaros de lo que acabo de encontrar en la torre de bronce.

—Habla rápido, pues estamos ocupados.

—El rey no podía parar quieto del nerviosismo que sentía.

—Esto estaba en la habitación de Dánae —dijo mostrando un puñado de polvo de oro.

Acrisio se dejó caer al suelo y lloró amargamente.

—Dioses, ¿vosotros mismos sois los que buscáis mi muerte? Y yo a punto de acabar con la vida de mi querido hermano Preto. Sin embargo, Preto, eludiste mis órdenes de forma deliberada y no una, sino muchas veces, conspirando contra mí y produciendo, posiblemente, la oportunidad de que mi hija quedase encinta. Por ello te condeno al destierro. Abandonarás inmediatamente Argos y no volverás nunca.

—¡Hermano! Tu locura debe acabar. ¡Soy inocente!

Pero Acrisio no escuchó a Preto y los guardias se lo llevaron.

En otro lugar, la tapa de la caja de madera fue quitada y Dánae quedó deslumbrada por el sol. Habían estado algo más de un día en el mar hasta encallar en una playa y alguien había encontrado por fin la caja.

—¿Dónde estoy? —preguntó Dánae sin fuerzas.

—Tranquila mujer. Has llegado a las costas de Sérifos, donde reina mi hermano Polidectes. Yo soy Dictis. ¿Os encontráis bien? —preguntó ante la sorpresa de encontrar a una mujer y un bebé en la caja que había varado en la playa.

—Algo débiles en verdad. Debería alimentar a mi pequeño lo antes posible.

Dictis ayudó a Dánae a salir de la caja y esta empezó a amamantar a Perseo. El hombre guio a la joven a la ciudad y le preguntó por la causa de que hubiera aparecido allí encerrada en una caja, por lo que, durante el camino, ella le contó lo sucedido.

Pasaron los años allá, en la tranquila isla de Sérifos. Perseo creció en la casa de Dictis. El rey, Polidectes, se fijó en Dánae y quedó terriblemente enamorado de ella. Sin embargo, esta solo se preocupaba del cuidado de su hijo y el rey iba acumulando celos, mientras Perseo se convertía en un fuerte y sano joven.

Polidectes, finalmente, viendo que Dánae nunca aprobaría sus intentos de cortejo, decidió que debía quitar de en medio a Perseo para que ella le hiciera caso a él y se olvidara de su hijo. Las ocurrencias de una mente carcomida por los celos fueron tales que el rey hizo creer a la población de Sérifos que iba a cortejar a la princesa Hipodamía y que necesitaba gran cantidad de regalos para lograr el éxito. Como era muy querido en la isla, consiguió que sus habitantes le ofrecieran presentes que él pudiera llevar como regalo.

El joven Perseo, hablando con Polidectes, al que prácticamente consideraba como a su propio tío, recién enterado de sus intenciones de casamiento le dijo:

—Mi señor, la gente de Sérifos no deja de hablar de vuestra intención de conquistar el corazón de la princesa Hipodamía.

—Bien rápido corren los rumores en una isla tan pequeña como esta...

—Y se dice que habéis pedido a cada habitante de la isla un presente para poder llevar como agasajo en vuestra petición.

—Sí, así es.

—Todo lo que tengo es gracias a la amabilidad y hospitalidad que vuestra familia ha demostrado hacia mi madre y hacia mí. Os considero mi tío.

—Me alegra oír eso, Perseo —dijo Polidectes poniendo su mano derecha en el hombro del joven.

—Querría que también llevarais algo mío entre vuestros regalos, pero no tengo nada que no os pertenezca ya. Estoy avergonzado.

—Por eso mismo no te dije nada, Perseo. Mi cariño y cuidados han sido gratuitos y bienintencionados. Nada me debes.

—Con más razón mi aportación ha de ser mayor que la de los demás, pues habéis sido muy bueno con nosotros. Sería capaz de traeros la cabeza de la Medusa si con ello pudiera pagaros.

Arrugas aparecieron en la frente del rey y acabó bajando la mirada al suelo. Las palabras que salieron de su boca sonaron sin su típico tono grave y decidido. Parecía estar conteniendo las lágrimas.

—Querido Perseo. Por eso mismo no quería que supieras nada. ¿Ves lo maravillosa persona que eres? Por eso te tengo en tanta estima. La cabeza de la Medusa sería un increíble regalo, pero por ello mismo he de decirte que ni se te ocurra pensarlo, porque igual de increíble sería el peligro que correrías por conseguirla. Es una tarea imposible, te ruego que la borres de tus pensamientos de inmediato.

Así cortó la conversación Polidectes y se marchó sonriendo. Conocía demasiado bien a Perseo y sabía que su gran corazón había sellado su propia perdición. Él solo había plantado la pequeña semilla. Ya en sus aposentos, cesó de sonreír crispando el puño. Qué equivocado estaba el chaval con él. Se sentía mal por lo que acababa de hacer, pero, en verdad, solo había consentido a Perseo por el hecho de que deseaba a su madre más que a nada en el mundo. Se sentía un ser repugnante, pero no pudo evitar sonreír de nuevo.

Perseo quedó pensativo. En verdad Polidectes merecía algo único y no se le ocurría nada mejor que lo que le había ofrecido. Sabía que era complicado. Nadie, jamás, había ido en busca de Medusa y había regresado, pero a pesar de que el rey había intentado hacerle desistir de esa idea, sabía que el hombre pensaba que la cabeza de la gorgona era el mejor presente posible. Y Polidectes no contaba con la osadía y bravura que rebosaban en el joven Perseo. No en vano era el hijo de Zeus, como su madre le había contado.

Decidido, Perseo marchó al templo. Allí, solo, en una hora en la que nadie acostumbraba a acercarse a los dioses, rezó, pidiendo la inspiración suficiente para lograr su objetivo. Creía firmemente que le debía a Dictis y, por supuesto, al rey Polidectes al menos eso, un regalo a la altura de lo que los hermanos habían hecho por ellos; todo lo que habían recibido en Sérifos su madre y él. Los dioses pensaron que, si Perseo supiera la verdad, seguramente la locura se apoderaría de él. Decidieron, movidos por la compasión y por la petición del propio Zeus, ayudarle. Así pues, Atenea y Hermes se deslizaron junto a él para susurrarle al oído.

—Busca a las Grayas, Perseo —dijo Atenea.

—Ellas te dirán donde se ocultan las Hespérides —añadió Hermes.

—Las Hespérides te podrán armar con garantías para que logres derrotar a Medusa —finalizó Atenea.

Cuando Perseo salió del templo, sabía que debía mentir a su querida madre, pues si le contaba la verdad no le dejaría partir por nada del mundo. Para ello necesitaría a Dictis. A él sí debía contarle su plan. También le intentaría hacer cambiar de opinión, pero no pretendería imponerse como su madre. Seguro que él lo entendía.

Así pues, tras convencer a Dictis de que ir a por Medusa era lo que estaba destinado a hacer, ambos juntos fueron a hablar con Dánae. La madre de Perseo seguía siendo realmente hermosa a pesar de los años que habían pasado. Se encontraba sentada en el puerto, con una preciosa túnica blanca que ondeaba, al igual que su pelo, suavemente con la brisa. Estaba tejiendo redes de pescadores, haciendo que todos los hombres volvieran la vista al pasar junto a ella y todas las mujeres cuchichearan de envidia. Perseo se plantó frente a ella.

—Madre.

—Dime, Perseo, mi querido hijo.

—No deberías hacer este tipo de trabajos, tus delicadas manos se estropearán con las rudas redes de los pescadores.

—Cierto es, hijo, pero sabes que lo hago por Dictis —dijo mirando al acompañante de su hijo—. Gracias a él vivimos en Sérifos sin ningún problema. Es lo mínimo que puedo hacer para que sus barcos salgan a la mar en perfectas condiciones.

—Te lo agradezco, Dánae, pero no tienes por qué hacerlo, estoy encantado de teneros a ti y a tu hijo en mi casa. No me debéis nada. Sois familia para mí.

—Insisto, Dictis, y sabes que no vas a poder evitar que siga trabajando.

—Lo sé —dijo el hombre bajando la mirada, pero con una sonrisa de agradecimiento.

—Madre. He de partir con Dictis al otro lado de la isla. Debo hacerme cargo de un rebaño. Tardaré un tiempo en volver.

—Me parece bien, hijo. Siempre y cuando Dictis me prometa que estarás a salvo y que me llevará a verte cuando se lo pida.

El hombre torció el gesto. Perseo esperaba que su madre no se diera cuenta del engaño, así que Dictis asintió e intentó mostrar una nueva sonrisa.

—Así será, bella Dánae. Te dejamos con tu faena, debemos partir.

Perseo besó a su madre en la mejilla, le dio un fuerte abrazo y partió con Dictis. Tenían un barco preparado, oculto en una ensenada cercana a la ciudad. Dictis abrazó a Perseo y le prometió que cuidaría de su madre.

—Ten mucho cuidado y regresa, por favor. Tu falta mataría a tu madre...

—Tranquilo, traeré la cabeza de Medusa para tu hermano.

Así comenzó el viaje de Perseo, en un barco de pesca, con la ayuda de Atenea y Hermes para llegar a donde se encontraban las Grayas. Conforme se alejaba de Sérifos no dejaba de pensar en su madre y en cuanto tardaría en descubrir el engaño. Seguro que en un par de días pediría a Dictis que la llevase con él y entonces este debería decirle la verdad. Lloró en la borda del barco mientras los dioses, que con él navegaban, le miraban conmovidos.

Las Grayas eran tres viejas hermanas, hijas de Forcis, una antigua deidad del mar, anterior incluso a Poseidón. Eran hermanas de las gorgonas y, por lo tanto, de la propia Medusa, así que obtener de ellas la información que Perseo quería sería complicado y, por supuesto, no debería contarles la verdad, sino usar alguna argucia. Si las Grayas descubrían que Perseo buscaba a las Hespérides para que le dieran las armas necesarias para matar a su hermana Medusa, su misión habría acabado nada más comenzar.

Los pescadores llevaron a Perseo hacia el ocaso durante varias jornadas. Cada día que pasaba estaban más taciturnos. Les asustaba el destino que les podía aguardar y dado que no sabían que Atenea y Hermes los acompañaban, era comprensible. Perseo trabó amistad con los cuatro marineros y les ayudó en las tareas del barco durante el viaje, pero en muchas ocasiones caía en la melancolía al recordar a su madre. Estaba seguro de que ya estaría sufriendo por el engaño de su hijo; por haberla abandonado. Y solo esperaba que perdonase a Dictis, pues no era en absoluto culpa suya.

Finalmente, llegaron a una tierra en la que había una continua oscuridad, a pesar de ser de día. El cielo estaba cubierto de recias nubes y ni un rayo de sol llegaba al suelo. Los pescadores temblaban de frío y miedo, pero Perseo se mantenía firme y saltó muy decidido del barco. Hermes y Atenea le guiaron hasta la entrada de una cueva y le explicaron que, a partir de allí, debía hacerlo solo. Se desvanecieron ante sus ojos. Perseo negó con la cabeza y se dispuso a entrar en la oscuridad de la cueva, preparando una antorcha con una gran rama que encontró en los alrededores.

Iluminado con la tea, el hijo de Zeus entró en busca de las Grayas. Tras recorrer varios tortuosos caminos por las entrañas de la tierra llegó a una amplia caverna iluminada por una fogata. Por un momento pensó que podría perderse en la vuelta a la superficie si debía huir con rapidez, pero vio tres formas que se movían inquietas al fondo de la caverna, alertadas por el fuego de su antorcha y desechó ese oscuro pensamiento para centrarse en ellas.

—¡Alguien viene, alguien viene, hermanas!

—¿Quién es, Pemfredo? —dijo otra de las formas. Sus voces eran de mujeres ancianas.

—¿Quién anda ahí? Respóndenos inmediatamente.

—Pásamelo hermana, necesito verlo...

—¡No! Espera, ahora lo tengo yo.

Perseo estaba confuso a causa de la conversación que las tres ancianas llevaban, pero continuó avanzando con cautela hacia el fuego. Sobre la hoguera había un gran caldero que desprendía un humo que le asaltaba la nariz con un olor nauseabundo.

—¿Quién eres y qué quieres de nosotras, extraño?

—Mi nombre es Perseo y vengo de muy lejos para hablar con vosotras.

—¿Hablar? Pues sí que debe ser importante lo que quiera de nosotras para venir a visitarnos tan lejos... ¿No te da miedo el lugar en que vivimos?

—No —dijo simplemente Perseo mientras las observaba mejor a la luz de la fogata y de su propia antorcha. Eran tres viejas arrugadas. De tantas arrugas que tenían eran horribles. Estaban cubiertas por harapos holgados que las cubrían prácticamente por completo. No distinguía sus ojos desde allí, así que continuó acercándose.

—¡Ah! Sí que eres joven y hermoso, Perseo...

—¡Déjame verlo, Pemfredo! —grito otra Graya mientras estiraba las manos hacia el rostro de la tal Pemfredo. Perseo vio cómo se pasaban algo pequeño la una a la otra.

—Eres una impaciente, Dino.

—Veréis —cortó Perseo para iniciar el tema que le había llevado hasta allí.

—¡¿Sí?! —dijo Dino.— Ya veo, ya veo, joven Perseo, realmente bien.

Perseo parecía confundido y detuvo su acercamiento a las viejas.

—¿Ahora nos temes? Después de todo eres como los demás...

—No es como los demás, Dino, este huele distinto —dijo la tercera Graya que había estado más callada—, tal vez sepa aún mejor... Déjamelo, debo cerciorarme...

—Está bien, Enio, aquí tienes —y se pasaron de nuevo algo pequeño.

Perseo se preparó para el combate, empezaba a temer a esas extrañas viejas. Había algo sobrenatural en ellas y si los dioses le habían traído hasta aquí a por información, sería porque eran algo más que ancianas normales.

Enio se acercó a Perseo y este vio horrorizado que en el decrépito rostro de la vieja solo había un ojo, la otra cuenca no existía, cerrada por una horrible y antigua cicatriz.

—¡Sí! Sin duda será una cena excepcional —dijo Enio y las otras se removieron celebrándolo.

—Solo he venido a por información. Una vez me contestéis os dejaré en paz. He de saber dónde se ocultan las Hespérides.

—¿Las Hespérides? ¿Y para qué quieres a esas estúpidas come hierba? —dijo Dino.

—Hermana, cállate y pásame el cuchillo —cortó Enio.

—Está por aquí al lado. Déjamelo y lo encontraré rápidamente —intervino Pemfredo.

Perseo escuchó las palabras horrorizado. Estaba claro que las Grayas no iban a informarle y más claro todavía que querían comérselo. Él iba desarmado, pero era valiente, joven y fuerte. Podría con tres viejas. Empujó a Enio cuando estaba pasándole de nuevo algo a una de sus hermanas. Ese algo, redondo y pequeño, escapó de la mano de la vieja y calló rodando lejos del fuego. Las tres gritaron.

—¡El ojo!

Perseo miró a Enio y vio que ahora no tenía nada más que una cuenca vacía en vez de ojo. Dio un paso a un lado horrorizado. Enio se abalanzó sobre él gritando.

—¡Hermanas! ¡Encontradlo!

Dos de ellas se arrojaron al suelo. Perseo repelió a Enio empujándola lejos. Su rostro, al igual que el de su hermana solo tenía una cuenca, pero estaba vacía, sin ojo.

El joven se movió con rapidez, esquivando a una de las viejas que gateaba palpando el suelo y rodeó el fuego en el que el caldero burbujeaba. Se agachó y con ayuda de la antorcha iluminó la zona en la que había visto rodar el ojo. Lo vio poco más allá, apoyado en una piedra. Lo cogió y lo levantó en un gesto fútil, pues ninguna de las viejas lo podía ver.

—¡Lo tengo! —gritó mientras se acercaba al caldero.

—Dánoslo, precioso joven —dijo Dino.

—Adorado Perseo, devuélvenos nuestra vista —rogó Pemfredo.

—Haremos lo que quieras, pero no nos condenes a la oscuridad eterna —gimió Enio.

—¡Decidme donde encontraré a las Hespérides y os dejaré tranquilas!

—Las Hespérides viven cerca de aquí, Perseo, en un precioso jardín a un par de días de viaje hacia el sur, al abrigo de la cordillera de Atlas.

—¿Por qué se lo has dicho, Enio?

—Devuélvenos ahora el ojo, Perseo, no nos hagas sufrir más, por favor...

—¡Tomad! —dijo Perseo arrojando el ojo sobre ellas, hacia la oscuridad del fondo de la cueva.

Las tres gritaron de horror mientras Perseo huía de la caverna para salir al exterior.

—Encontrad el ojo hermanas, debemos impedir que salga de la cueva.

—¡Nos lo comeremos!

—El ojo, el ojo, no lo encuentro. ¡Perseo, maldito seas!

Las voces fueron quedando atrás y finalmente el joven salió de la cueva y corrió hasta el barco. Allí los intranquilos pescadores se alegraron de verle.

—¡Zarpemos de inmediato! En cuanto estemos libres de peligro os diré el rumbo.

Las indicaciones de las Grayas fueron suficientes para que el pesquero llegara a cierta parte de la costa del norte de África, allá donde las montañas de Atlas se juntan con el océano y llega el atardecer. Fue en ese lugar donde Perseo desembarcó de nuevo, dispuesto a encontrar el jardín de las Hespérides. La zona, a pesar de estar rodeada de un inmenso desierto, al encontrarse al abrigo de unos imponentes montes y afectada por los vientos del océano desconocido, era bastante fértil, así que, desde un alto promontorio, buscando entre campos de labranza y bosques, encontró rápidamente el enorme y frondoso jardín al que debía dirigirse. Sin duda debía ser ese, pues era hermoso y solo los dioses podían mantener algo así de bello.

Cuando Perseo entró en el jardín, enseguida se sintió observado. Sin embargo, cada vez que se detenía, no veía nada sospechoso. Se fue internando poco a poco en la espesura hasta que una voz femenina le paró tajante.

—¡Detente donde estás, pues más allá está vedado a los ojos humanos!

—Disculpad mi osadía, señora, pero ando perdido buscando a las Hespérides.

—Pues las has encontrado —dijo la voz y una preciosa muchacha salió de entre unos arbustos. Dos jóvenes más salieron de diferentes escondites rodeando a Perseo. Eran a cada cual más hermosa, de largos cabellos, una morena, otra rubia y otra del color del fuego. Sus vaporosas sedas blancas se mecían con sus movimientos y apenas tapaban sus perfectas curvas.

—Dinos quién eres y qué te ha traído a nuestro jardín.

—Mi nombre es Perseo y busco una forma de derrotar a Medusa.

—No eres el primero en intentarlo, pero sí el primero en preguntarnos a nosotras. Eso te hace diferente. Tal vez los dioses están contigo, Perseo... Eliminar a la gorgona Medusa es una tarea complicada. Necesitarás toda la ayuda posible.

—Atenea y Hermes me guiaron hasta aquí. Para ello tuve que hablar con las Grayas.

—¿Esas horribles viejas? Espero que les dieses su merecido.

—Así que Atenea y Hermes te han hecho venir a preguntarnos, ¿eh, Perseo? —dijo la que estaba detrás de él, la morena.

—Sí, mi señora —contestó el joven volviéndose hacia ella.

—Curioso que Atenea continúe todavía con ese tremendo enfado contra la pobre Medusa —murmuró la Hespéride rubia y, de inmediato, antes de que Perseo pudiera preguntar, vio como las hermanas de esta le reprobaban con la mirada y ella, bajando la vista al suelo, calló avergonzada. Entonces fue la doncella morena quien de nuevo tomó la palabra.

—Veo que no mientes, eres puro y tienes en el rostro algo que me recuerda al padre de los dioses. Sin duda eres el destinatario de lo que llevamos un tiempo guardando. ¿No creéis hermanas?

—Sin duda.

—Sí, sin duda... —se atrevió a responder también la rubia sin levantar la vista del suelo.

—Algunos dioses nos hicieron guardianas de valiosos objetos que deberíamos entregar a alguien que los reclamara. Tú, Perseo, no los has reclamado como tal, pero son los objetos que te ayudarán en la tarea en la que solicitas nuestra ayuda.

—Admira, querido Perseo, las sandalias que te ofrecemos, pues el mismo Hermes nos las entregó. Como ves, tienen alas y te permitirán moverte rápidamente, incluso a cierta altura del suelo. Aunque son difíciles de dominar, te lo advierto.

—Unos cuantos chichones lo atestiguan, ¿verdad, hermana? —rio la pelirroja, y la rubia se le unió, a lo que la morena frunció el ceño.

—Mis hermanas te mostrarán otros objetos que te serán igual de útiles que este.

La rubia se acercó a Perseo y le entregó un casco; tenía un frontal elevado para permitir una buena visibilidad y protegía las mejillas. Estaba rematado con unos retorcidos cuernos y parecía estar hecho de un metal plateado.

—Cuando te pongas este casco te harás invisible a cualquiera. Es un poderoso don que deberás usar con cuidado, pues pertenece a Hades y seguro sabrás que se trata de un dios peligroso…

—¡Hermana! —le reprobó de nuevo la morena, por lo que la Hespéride rubia se alejó quejumbrosa.

—Yo te entrego esta espada que el mismísimo Zeus me confirió —dijo la pelirroja, tendiendo al joven una espada corta, de doble filo y finamente ornamentada. Tampoco parecía estar hecha de bronce—. Dijo que un hijo suyo la blandiría.

—¿Qué sería de un guerrero armado sin un escudo con el que defenderse? —inquirió la morena.

Perseo se giró hacia ella y se sorprendió al encontrarla con un enorme escudo rodela dorado, que portaba un gran sol en el centro. Estaba tan bruñido que reflejaba los rayos de luz como si fueran propios. Cuando lo cogió se pudo ver en él como si de un espejo se tratara.

—Sigue faltándote algo, querido Perseo —dijeron las tres al unísono acercándose a él.

—La gorgona Medusa es muy peligrosa —continuó la morena—, aun en el caso de que lograras acabar con ella, su cabeza seguiría disponiendo del poder de petrificar a aquel que cruzara la mirada con ella. Créeme que todavía estarías en grave peligro.

Perseo asintió.

—Por ello, nosotras te haremos entrega del último presente —dijo la de los pelos de fuego.

Fue entonces la rubia quien tendió a Perseo un zurrón tras las palabras de su hermana.

—Es mágico. Mete la cabeza en él y no tendrás ningún problema.

—¿Eso es todo, señoras mías? —preguntó Perseo.

—¿Tanta prisa tienes? —dijeron la rubia y la pelirroja a coro—. Está atardeciendo y el camino es peligroso. Regresa a tu barco mañana por la mañana y podrás partir con seguridad.

Al parecer a la Hespéride de cabello negro no le hizo tanta gracia la oferta, pero no se negó a ella. Chasqueó la lengua y poniendo su diestra en el hombro de Perseo le dijo:

—Quédate si quieres, pues invitado has sido por mis hermanas. Yo he de marcharme. A mi vuelta cenaremos.

Quedaron solos los tres en el claro en que se encontraban y la Hespéride de cabellos de fuego se acercó a Perseo.

—Por fin, compañía. Seguro sabes grandes historias con las que entretenernos antes de que el sueño nos venza. Nuestra hermana, Hésperis, debe ayudar a Helios a abandonar el cielo para su viaje por el océano.

—¿Podría conocer también vuestros nombres? —preguntó Perseo.

Las Hespérides sonrieron y se presentaron. La dama pelirroja hizo una pequeña reverencia y entre risas dijo su nombre.

—Yo soy Eritía.

La rubia sonrió con rubor en sus mejillas.

—Y mi nombre es Egle.

—Saludos, hermosas hespérides. Encantado pasaré la noche en vuestro precioso jardín. ¿En qué puedo ayudar?

—En nada, en nada —dijo Eritía espantando el ofrecimiento de Perseo con la mano—. Voy a preparar el fuego para la cena y, mientras, Egle podría enseñarte el jardín. En cuanto debamos comenzar a preparar la cena os avisaré y tú podrás sentarte al calor de la hoguera mientras mi hermana y yo hacemos un rico caldo de verduras.

Perseo asintió y entonces Egle se agarró a su fuerte brazo y le pidió que le acompañara.

—¿Sabes? Tenemos incluso un dragón, ¿quieres que te lo enseñe?

Eritía asintió satisfecha, pues sabía que su hermana sería buena anfitriona y se marchó a prepararlo todo.

Una vez estuvieron solos, Perseo aprovechó un momento para cortar a Egle en medio de una de sus explicaciones sobre las maravillosas manzanas que crecían de los árboles que la diosa Gea había regalado a Hera para el día de su boda con Zeus.

—Perdona que te interrumpa, bella Egle, pero quería preguntarte sobre aquello que dijiste antes de Atenea y Medusa.

El rostro de la Hespéride se tornó blanco como la leche y mirando a todos lados susurró con rapidez.

—Mis hermanas tenían razón en reprenderme. Es peligroso hablar de esto. Atenea te protege…

—Pero estoy seguro de que ahora mismo no se encuentra aquí. No creo que me haya mandado hasta tan lejos a por objetos que ella misma hubiera podido darme en un instante habiendo venido a por ellos. —Trato de calmarla Perseo.

—Quizás tengas razón. —La mujer comenzó a andar de nuevo y sin aumentar el tono de voz, en un susurro que se perdía con la brisa proveniente del cercano mar, continuó entonces—: Medusa está trastornada, la pobre, pero con razón. ¿Acaso tú no lo estarías también? Ella era hermosa como ninguna otra y Poseidón se encaprichó de ella. La tomó en el mismísimo templo de Atenea y esta, al enterarse, llena de furia, no castigó a su tío por ello, sino a la pobre Medusa, convirtiéndola en el monstruo que todo el mundo conoce. Ella aborrece a todo el mundo y no me causa sino compasión, la pobre…

Perseo no dijo nada más en todo ese tiempo. Quedó taciturno y embebido en sus propios pensamientos hasta que, tras la cena, las hermanas le pidieron que les contara cómo había sido su encuentro con las Grayas. Después de esto se acostaron y a la mañana siguiente fue Hésperis quien acudió a despertarlo.

—Ahora deberías irte. Varias jornadas te separan del refugio de las gorgonas. Y recuerda que, como nosotras, son tres, pero solo Medusa es mortal, aunque terriblemente difícil de matar.

Perseo agradeció a las Hespérides su ayuda. Se habían reunido las tres para despedirse de él. Regresó al barco para despachar a los pescadores de vuelta a Sérifos. Debía continuar solo, pues el refugio de las gorgonas estaba tierra adentro, atravesando los montes de Atlas.

Al otro lado del continente africano había una tranquila ciudad costera regida por Cefeo, hijo de Belo, rey de Egipto. Cefeo era un hombre sencillo que solía estar gobernado por los caprichos de su esposa, la bella Casiopea. Los reyes eran padres de una preciosa joven que estaba a punto de convertirse en mujer, Andrómeda.

Las cosas se complicaron para Cefeo cuando su bella mujer, que era muy presumida, dijo en plena audiencia real que era más guapa que las nereidas. Las nereidas eran diosas del mar, hijas de Poseidón que, casualmente, era abuelo de Cefeo. Cuando la noticia llegó a oídos del dios, esté encolerizó y decidió que el castigo de Casiopea sería ejemplar. Los demás dioses no pudieron calmarle, pues no querían contrariarle, así que vieron atónitos cómo, por jactarse una reina, iba a sufrir toda una ciudad con un castigo de proporciones desmedidas. Poseidón liberó al monstruo marino Cetus para que asolara las costas del reino de Cefeo. El gran monstruo cumplía las órdenes de su amo a la perfección. Muchos barcos pesqueros desaparecieron en las aguas. El oleaje que el monstruo provocaba inundó el puerto. Así Cetus ya tenía paso libre hasta la ciudad para arrasarla.

En su palacio, Cefeo y Casiopea estaban atemorizados. La destrucción de su ciudad era inminente.

—Hemos de aplacar a Poseidón, querido.

—¿Y cómo quieres que lo haga? A pesar de ser su nieto y haberle implorado en su propio templo, no me hace el menor caso. El mal que has causado a nuestro reino, esposa mía, puede ser definitivo.

—¿Ahora me culpas a mí, esposo? Siempre has sido endeble. Si no fuera por mí, esta ciudad hace mucho que habría caído. No habría sido un monstruo marino, sino cualquier vecino que hubiera visto la débil mano con que reinabas aquí.

—Casiopea. ¡Oh mi amada Casiopea! Esto es el fin.

—Preguntemos al oráculo de Amón. Tal vez sea capaz de decirnos cómo aplacar a Poseidón.

—Sí, querida, es una gran idea. Enviaré a los mejores hombres a por el oráculo.

En ese tiempo, Perseo se había quedado solo. Se introdujo en aquellas tierras alejándose del mar. Varios días de travesía pasaron hasta que, siguiendo las indicaciones de las bellas Hespérides, llegó hasta una región arbolada en la que empezó a ver estatuas de un crudo realismo. Perseo sabía que esas estatuas habían sido guerreros, que, como él, habían intentado matar a Medusa. Estaba decidido a no acabar igual. Sin embargo, se detuvo, pues en su cabeza surgió la historia que Egle le había contado sobre las penurias de Medusa. Finalmente, negando con la cabeza, descartó aquella historia. Seguro que los dioses no podían ser tan falibles. Seguro que las razones de Atenea para castigar a Medusa eran claras y justas.

Avanzó ligero y sin hacer ruido, gracias a las sandalias de Hermes. Por ello llegó sin ser detectado hasta la entrada de la cueva donde vivían las hermanas. Se introdujo con mucho cuidado. Pensó que, si una mirada de la Medusa era capaz de convertirte en piedra, quizás si no la miraba directamente fuera más fácil salvarse, aunque ello complicara el acto de combatirla. Por eso entró a la cueva mirando todo a través del reflejo que su escudo le daba. Así alcanzó el lugar en el que las gorgonas dormían. Eran unos seres terroríficos, a la

par que bellos. Enseguida reconoció a Esteno, Euríale y a Medusa. El cabello de Medusa, formado por decenas de serpientes, también dormía.

Se acercó despacio hacia ella. Todo su cuerpo traspiraba y estaba tenso. Pensaba que en cada movimiento hacía el ruido de un cacharrero atravesando el pueblo, pero aquello estaba en su cabeza; Perseo era sigiloso y se movía sin hacer ruido gracias a las ligeras sandalias de Hermes. Medusa se removía inquieta en sueños. Comenzó a desenfundar la espada que su padre le había entregado. El ligero siseo de la hoja contra la vaina le pareció que se multiplicaba en el silencio de la caverna. La espada ya estaba fuera, alzada, mostrando su cortante belleza. Miró el reflejo del escudo para cerciorarse de dar un certero corte cuando se dio cuenta de que el siseo persistía y se acrecentaba a pesar de que la espada ya había salido de su vaina. En la cabeza de Medusa se movía algo. Perseo dejó escapar un grito y dio un paso atrás. Las serpientes del cabello de Medusa danzaron frenéticas intentando morderle. La gorgona abrió los ojos lanzando un rugido que sonaba a reto. Sus hermanas parecían despertarse. Debía actuar rápido o moriría allí mismo. La figura de aquel ser era increíble. El tronco superior de mujer, rematado con un mortal cabello de serpientes, se sustentaba sobre una cola de serpiente que temblaba frenética agitando el cascabel de su punta. Medusa buscó los ojos de Perseo y le miró directamente. El joven trastabillo, pues los había cerrado en un acto reflejo. Pensaba que se iba a convertir en piedra. Por suerte no llegó a caerse. Medusa quedó terriblemente contrariada al ver que el guerrero no se convertía en piedra, pues no estaba mirándole directamente a los ojos, sino a su reflejo en un pulido escudo. El poder de su mirada no había podido actuar de aquella manera. Ese instante de vacilación fue el que sirvió a Perseo para, encomendándose a Atenea, lanzar un tajo donde creía debía encontrarse la cabeza de Medusa, según había calculado mediante el reflejo. La espada tocó carne. Cortó con una sencillez y delicadeza tal que parecía no haber encontrado ni siquiera hueso. Las serpientes sisearon y un grito se ahogó en la garganta del monstruo cuando esta quedó separada del resto del cuerpo. La cabeza cayó rodando por el suelo. El cuerpo aguantó unos instantes en posición vertical y después cayó también. Las hermanas de Medusa gritaron de estupor. No reaccionaron. Perseo guardó la espada, pues ya no le servía con las inmortales gorgonas y cogió el saco. Rápidamente movió su escudo en busca de la cabeza serpentina y la vio a escasos pasos de distancia.

Esteno y Euríale se preparaban para lanzarse sobre Perseo cuando el cuerpo de su hermana comenzó a convulsionarse. Quedaron mirándolo sorprendidas. Incluso Perseo se volvió un momento a ver qué ocurría. De repente, la zona del cuello de Medusa se rasgó y comenzó a salir algo por ella. Era algo grande y de aspecto humanoide. Perseo no entendía cómo algo de ese tamaño podía salir del cuerpo de Medusa. Las hermanas seguían atónitas. No era momento para pensar, sino para actuar, y Perseo desechando todas sus dudas, se hizo con la cabeza agarrándola por un par de serpientes. Unas gotas de sangre escurrieron del cuello de Medusa hasta el suelo y allí donde cayeron crearon nidos de víboras que inmediatamente se lanzaron a por Perseo. Este pisó un par e introdujo rápidamente la cabeza en el zurrón. Ante él se alzaba desde el cadáver de la gorgona Crisaor, el gigante que sería conocido como hijo de Medusa. Aplastó los nidos de víboras con sus enormes pies. Esteno y Euríale estaban al otro lado del gigante, imposibilitadas por este, que llenaba la caverna con su corpachón. Era el momento de huir, pero el cadáver sin cabeza seguía convulsionándose. ¿Sería posible que se engendrara algo más allí?

Perseo no podía apartar la vista de aquel repugnante espectáculo. Mientras Crisaor gruñía confuso, las gorgonas le gritaban intentando que se apartase. Finalmente, algo más surgió del cadáver decapitado y fue algo de tal belleza que Perseo se atragantó. Ante él había aparecido un magnífico caballo blanco que portaba unas enormes alas al lomo. Las agitó y se encabritó asustado. Salió galopando sin dudarlo, haciendo que Perseo se tuviera que arrojar a un lado para salvar la vida. Pegaso acababa de nacer.

Con Pegaso fuera de la caverna y el cuerpo de Medusa ya inerte en el suelo, las gorgonas consiguieron que Crisaor se moviera. Los tres avanzaron hacia Perseo y aunque las intenciones del gigante fueran desconocidas, las de las hermanas de Medusa eran claras. Perseo palpó en su petate y sacó el casco de Hades, que las hespérides le habían regalado. Un garrazo de Esteno fue directo al cuello del guerrero. Le habría decapitado si no hubiera desaparecido delante de ella. Nuevamente las gorgonas quedaron obnubiladas. Esta vez, Perseo no perdió más tiempo y salió de la caverna a la carrera y poco después se encontraba en el exterior, dejando atrás el complejo de cuevas de las gorgonas.

Pegaso estaba pastando cerca de la entrada, junto a varias estatuas. Perseo comprobó la dirección del viento y se acercó al caballo alado como haría un cazador. Pegaso era su medio de huida y de vuelta a casa. Cuando estuvo lo suficientemente cerca, saltó a la grupa del blanco equino y se agarró a las crines. Pegaso, contrariado por sentir a Perseo encima suyo, pero sin verle, se encabritó e intentó derribarlo. El joven perdió el casco en un envite y se apareció a lomos del caballo. Este inmediatamente se apaciguó. El olor del joven era conocido y ahora que lo veía, sabía que él era su jinete.

Las gorgonas salieron de la cueva seguidas del gigante. Arremetieron contra Perseo, pero este ya estaba intentando hacer que Pegaso huyera del lugar. Consiguieron levantar vuelo tras una pequeña carrera por el prado, aunque las hermanas de Medusa iban a escasos palmos por detrás. Pegaso tuvo que hacer un giro cerrado en su ascensión para evitar una frondosa zona de árboles que tenían en frente. Perseo se encontró cabalgando todavía a escasa altura y volviendo hacia sus enemigos. Sacó la espada, preparado para presentar batalla. Las gorgonas saltaron intentando destripar al caballo que pasó justo sobre ellas. El hijo de Zeus sintió en su pie el roce de una de las garras. Un único obstáculo se encontraba frente a ellos. Crisaor lanzó un fuerte manotazo intentando derribar a su alado hermano.

Pegaso lo esquivó por poco y se introdujo bajo la axila del gigante, dejándolo atrás. Crisaor era muy lento y cuando se volvió, Pegaso ya volaba lejos y alto. Perseo observaba incrédulo la escena que dejaba atrás. Se había salvado por poco. Ató el zurrón a su cinturón para no perderlo y le reconfortó su peso. Había logrado su propósito. Regresaría a Sérifos y llevaría a Polidectes el mejor regalo que podía entregar.

Y el oráculo fue quien dio al señor de los cefenos, el rey Cefeo, la clave para salvar sus tierras. Deberían sacrificar a la princesa Andrómeda al monstruo. Si este la devoraba, la ciudad quedaría a salvo. Solo así aplacarían a Cetus y a su señor Poseidón. Casiopea lloró amargamente, pero estaba decidida. Si el oráculo lo había vaticinado y era la forma de salvarse, no iba a poner objeciones, aunque se tratase de su hija. La echaría de menos, pero según ella, los hados así habían marcado la vida de Andrómeda, desde el nacimiento, para llegar a este crucial punto en que, aun a pesar de ser muy joven, debería morir. Casi tenía convencido a Cefeo con su palabrerío habitual. El rey estaba anonadado, no podía creer lo que debía hacer para salvar su ciudad, así que Casiopea fue la que tuvo que ordenar que detuvieran a su hija.

La joven y bella Andrómeda estaba, ignorante de su destino, sentada en un jardín de palacio, preocupada por la situación de su pueblo. Intentaba encontrar alguna solución junto a tres de sus doncellas de confianza, así que, no se dio cuenta cuando cuatro guardias llegaron hasta ella, totalmente armados.

—Princesa Andrómeda, debe acompañarnos.

—¿Qué sucede? —preguntó levantándose nerviosa. Sus movimientos hicieron que dos de los guardias preparan sus lanzas sobresaltados, pensando que quería escapar. Andrómeda se percató y algo en su cabeza la hizo reaccionar.

Echó a correr y los cuatro guardias fueron detrás de ella. Por desgracia su carrera duró poco, pues los hombres eran atléticos; de los mejores soldados de la ciudad, y Andrómeda no tuvo ninguna oportunidad.

—¿Por qué me hacéis esto? ¿Qué pasa? ¡Quiero ver a mis padres!

—Con ellos vamos princesa, disculpadnos... —El soldado casi no pudo acabar la frase por la emoción contenida y el resuello de la persecución.

Andrómeda estaba muy preocupada, no sabía que ocurría o si sus padres estaban bien. Cuando llegaron al salón del trono se tranquilizó al verlos, pero su tranquilidad duró poco, pues vio que los soldados no se separaban de ella, a pesar de haber llegado ante sus padres.

—Andrómeda, corazón mío —dijo Cefeo apesadumbrado.

La princesa, al ver y oír a su padre así, al borde del llanto se volvió hacia su madre.

—¿Qué está pasando, madre? ¿Ocurre algo con la ciudad? ¿Es el monstruo?

—Sí, querida, es el monstruo... —La voz de Casiopea se quebró. Cuando pudo continuar hablando dijo—: La única forma de apaciguarlo es mediante un sacrificio humano.

—Pero eso es horrible, madre —cortó la princesa. Cefeo rompió a llorar.

Andrómeda comprendió, pues era una joven lista y dijo:

—Sí, ha de ser así padre, no te preocupes. Cumpliré como princesa.

Se percató de que los guardias la miraban con pena, pero con enorme devoción.

Así fue cómo Andrómeda, princesa de los cefenos, fue llevada en una gran comitiva hasta un promontorio que el mar prácticamente había rodeado tras los ataques de Cetus. Los asustados habitantes de la ciudad salieron a dar un mudo adiós a aquella que, con su sacrificio, les iba a permitir vivir. La princesa avanzó orgullosa y digna entre ellos.

Ya en la roca, lejos de todos, rompió a llorar, los reyes se despidieron de ella abrazándola y consolándola y los soldados que la escoltaban le quitaron la túnica blanca que vestía, dejándola completamente desnuda. Fue encadenada a la roca para esperar a la muerte llamada Cetus.

El gran monstruo se acercaba a la ciudad. La gente que había presenciado el paso de Andrómeda corría ahora a esconderse. Pocos eran los valientes que decidieron quedarse a ver el desenlace. Cefeo y Casiopea habían llegado rápidamente en carro a su palacio y observaban desde lo alto de una ajardinada balconada el fatal destino de su hija. Ambos estaban cogidos de la mano dándose fuerza el uno al otro. Cetus creó enormes olas al llegar al puerto. Había visto a su presa, la bella doncella desnuda que habían encadenado para él, así que avanzaba hacia ella.

Algo en el cielo llamó la atención de la gente. Surgieron algunas exclamaciones de asombro. Tal vez los dioses venían a salvar a su princesa después de todo. Cefeo y Casiopea forzaron la vista intentando discernir algo, esperanzados. Pronto distinguieron un caballo alado que avanzaba veloz por el cielo con un jinete armado.

Perseo, en su viaje de vuelta, había visto un gran monstruo acercándose a la ciudad que se encontraba por debajo suyo. Se dirigió hacia allí sin titubeo alguno. Tal vez podría ayudar. Al acercarse y ver que una hermosa joven se debatía encadenada ante el enorme monstruo se lanzó sin miramientos.

Rodeó al monstruo en una rápida pasada. Cetus se fijó en Pegaso e intentó golpearle en vano. El caballo era demasiado rápido. Cefeo miró a Casiopea, había esperanza en su rostro. Casiopea le miró contrariada. No era un dios, así que pensaba que el jinete poco podía hacer. Perseo sacó la espada y lanzó un par de tajos en la siguiente pasada. El monstruo era enorme y aunque la espada lo hería, no parecía sentir sus cortes. Perseo pensó que debía cambiar de táctica. Pegaso esquivó la enorme cola de Cetus, que provocó una ola que cubrió a Andrómeda por completo. El joven hizo alejarse al caballo para tener un respiro. Desde arriba observó al monstruo. Podía intentarlo. Soltó el zurrón de su cinturón. Metió la mano derecha mientras con la izquierda y las piernas dirigía a Pegaso. Descendieron en picado a por Cetus. Cuando estuvieron muy cerca del monstruo, Perseo sacó la cabeza de Medusa. Cetus lanzó un bocado esperando tragarse al guerrero y su caballo; sin embargo, se encontró con los ojos de la Medusa. Cetus comenzó a caer, frenando su salto. Provocó una ola enorme al hundirse en el puerto mientras se iba convirtiendo en piedra. La ola llegó hasta palacio. Algunas personas fueron arrastradas. Andrómeda había desaparecido bajo las aguas por segunda vez. Perseo se lanzó sin pensar. Las alas de sus botas le fueron deteniendo hasta que paró sobre el mar. Miró preocupado. Andrómeda no estaba. La había salvado para provocar él mismo su muerte. Iba a lanzarse a bucear para buscarla, cuando el agua se retiró un poco y volvió a aparecer la roca y encadenada a ella seguía Andrómeda. Perseo planeó hasta su lado y de un golpe de su espada la liberó. Cogió entre sus brazos su desnudo cuerpo y gracias a las sandalias de Hermes la llevó a la orilla. Allí, una anciana se acercó con unas telas para cubrir a su querida princesa.

Perseo y Andrómeda se presentaron y entonces llegaron los reyes, corriendo, sin observar ningún protocolo. Cefeo sujetándose la corona a la cabeza para que no se le callera y Casiopea tras él, lanzando gritos pidiendo que le esperara, advirtiéndole que eso no era nada regio.

Cuando Cefeo estuvo frente a ellos, se fundió en un abrazo con su hija.

—Lo siento, hija mía. Gracias a los dioses que estás bien.

—Majestad, dejad que me presente, soy Perseo, nieto del rey de Argos.

El rostro de Casiopea cambió al oír la regia ascendencia de Perseo. Tironeó de la manga de su marido.

—Bien, bien, mi querido Perseo. Os estamos eternamente agradecidos por lo que acabáis de hacer. No solo habéis salvado a nuestra hija la princesa, sino a toda la ciudad. ¿Qué podríamos ofreceros por tal servicio?

—Sería dichoso si me concedierais la mano de vuestra hija Andrómeda, pues creo que es la mujer más bella que he visto nunca.

—No se hable más. Perseo, te casarás con Andrómeda, aunque hay un pequeño tema que deberíamos resolv... —un codazo de Casiopea calló al rey.

Con ese incómodo silencio acabó el glorioso día en que Perseo salvó a Andrómeda. Los jóvenes no pudieron verse más, pues los separaron de inmediato. Andrómeda estaba obnubilada por todo lo acontecido. Aquel apuesto joven la había salvado y había pedido su mano. Pero, si apenas se acababan de presentar… Era una locura, aunque algo hormigueaba en su estómago y no se sentía furiosa porque su padre hubiera aceptado tan rápido. Sonrojada y sonriente se lo contó a sus doncellas entre los cómodos cojines del rincón de su cuarto.

Los preparativos fueron rápidos. El aire de fiesta se respiraba entre los cefenos a pesar de que se contaban por decenas las personas que habían muerto en el ataque de Cetus. Pero la boda de la princesa lo eclipsaba todo. Sus nupcias con Perseo, el héroe que había salvado la ciudad de su destrucción, fueron conocidas en cientos de leguas a la redonda.

Así pues, cuando una semana después, el palacio estaba engalanado y se estaba celebrando el banquete de bodas en el que presidían la mesa la feliz pareja, flanqueados por Cefeo y Casiopea, no fue una sorpresa para muchos de los presentes que las puertas se abrieran dejando entrar a una polvorienta comitiva. Se veía que habían hecho un frenético viaje para llegar a tiempo al enlace.

—¿Pero qué clase de broma es esta? —gritó el líder de los recién llegados descubriéndose el rostro.

Cefeo se levantó sorprendido. Casiopea ocultó su sonrisa con la mano pareciendo sorprendida. No era sabido, pero Casiopea no soportaba la idea de tener a Perseo de yerno, a pesar de ser de sangre regia y divina. De hecho, el hombre que estaba delante de ellos también era un semidios.

—Agénor, menuda sorpresa —dijo Cefeo.

Perseo se levantó también y salió de detrás de la mesa colocándose delante de los nueve visitantes.

—¿Agénor? ¿El hijo de Poseidón? ¿Qué queréis el día de mi boda?

—A la mujer que me fue prometida antes que a ti, Perseo. ¡Andrómeda me pertenece!

—Y buena prisa te has dado para reclamarla. Al contrario que para venir a salvarla de las fauces de Cetus. ¡Oh, disculpa! Ahora recuerdo que Cetus fue enviado por tu padre. Tal vez no te convenía contrariarle...

Los murmullos llenaron el salón. Estaba claro que Perseo sabía de Agénor. Las manos de todos los recién llegados se movieron a las espadas.

—Yo también sé algunas cosas sobre ti Perseo. Creo recordar que fue mi padre quien te salvó la vida cuando tu propio abuelo te metió en una caja y te arrojó al mar para que murieras. ¿Y ahora le pagas matando a su mascota?

La gente volvió a alborotarse.

—Yo salvé a Andrómeda, la amo. Y me enfrentaré a quien quiera alejarme de ella, aunque sea el mismísimo Poseidón. Si debo de conformarme con uno de sus inútiles hijos, así sea —dijo Perseo sacando la espada de Zeus.

Nueve espadas más la siguieron, arrojando destellos a la luz de las velas. Nadie más tomó parte. Cefeo se retiró mientras Casiopea lo acercaba hacia sí para protegerse ambos en un lugar apartado del salón.

—Que Perseo sea nieto de un rey era un buen premio, pero si Agénor se libra de él nos estará haciendo un favor. Es rey y puede aumentar nuestro poder enormemente el aliarnos con él— susurró al oído de su marido Cefeo.

Los hombres de Agénor se lanzaron a por Perseo. El joven los repelía como podía. Nadie en la sala le prestaba ayuda. La gente solo observaba el espectáculo. La maestría del hijo de Zeus hacía que sus rivales no pudieran con él, pero a pesar de ello debía retirarse poco a poco. Su espalda chocó con la mesa. Contraatacó y cortó el costado de uno de sus rivales que cayó al suelo. De vez en cuando Agénor se metía en la contienda lanzando algún certero mandoble. Aunque Perseo seguía deteniendo todo, uno de los ataques del hijo del dios del mar le hirió en el brazo izquierdo, que tenía desprotegido. La magnífica espada de Zeus rompió dos filos de sus rivales en un solo golpe, pero Perseo estuvo a punto de ser herido de nuevo, ya que esquivó por muy poco un ataque directo a su hombro. Agénor atacó de nuevo. Perseo lo mandó hacia atrás de una patada.

Andrómeda permanecía tras Perseo, al otro lado de la mesa, sufriendo por la suerte de su enamorado. En un envite que hizo que Perseo chocase contra la mesa, esta se movió cayendo vasos y platos, con lo que Andrómeda, al desviar la vista de la pelea, vio el zurrón que descansaba bajo la silla de su reciente esposo. Lo cogió y gritando un aviso se lo lanzó a Perseo.

El joven guerrero se hizo a un lado con rapidez y alzando la mano izquierda cogió el zurrón. Al vuelo. El dolor recorrió su brazo herido. Su mano se cerró instintivamente y por ello tuvo la suerte de mantenerlo cuando parecía que se le iba a escapar. Golpeó con él a uno de los espadachines que se le acercaba y dejó caer la espada de Zeus. Acababa de quedar desarmado y a merced de sus atacantes. Agénor sonrió y avanzó de nuevo hacia él. Perseo introdujo su mano derecha en la bolsa y sacó la cabeza de la gorgona. Los ojos de Medusa se encontraron con los de uno de los combatientes. Comenzó a convertirse en piedra sin llegar a saber qué le había sucedido. Agénor quedó sorprendido ante lo que Perseo acababa de hacer y solo tenía ojos para esa cabeza femenina de mandíbula desencajada, que en lugar de pelo tenía una miríada de serpientes sin vida. Cuando los ojos de Medusa le miraron, quedó atrapado por el insondable horror que despedían.

Agénor no pudo apartar la vista mientras se petrificaba vivo con la espada caída en un costado, totalmente rendido al poder que Perseo portaba. Como él quedaron petrificados sus ocho acompañantes. Una extraña colección de estatuas que adornaba el banquete nupcial.

—Justo escarmiento a Poseidón el que Medusa le ha dado arrebatándole a un hijo. Seguro que la gorgona disfruta en el Hades de esta tardía venganza por haber sido violada y castigada sin compasión.

La gente estaba aterrorizada. Pocos escucharon las palabras de Perseo, y los que lo hicieron esperaban que Poseidón no las hubiera oído, pues estaban seguros de que otro mal enviaría como castigo. Perseo guardó la cabeza de Medusa en el zurrón, cogió la espada de Zeus y se sentó junto a su mujer como si nada hubiera pasado. Entonces se oyó un grito de victoria en una mesa del fondo, proclamando el nombre del salvador de los cefenos y de Andrómeda. Poco a poco se unieron más voces y en unos segundos todo el banquete rugía el nombre de Perseo. Incluso Cefeo se levantó y cogiendo a Perseo del brazo lo hizo levantarse para saludar. Tras esto, el banquete de bodas continuó con los nueve macabros recordatorios en mitad del salón.

Andrómeda y Perseo partieron hacia Sérifos, donde todavía debía de estar Dánae aguardando a su querido hijo. El viaje fue tranquilo y, cuando desembarcaron en la isla, notaron que la gente los miraba mucho, sin embargo, nadie se acercaba a saludarles, a pesar de que Perseo reconocía a varios de ellos. Fueron a casa de Dictis, pero la encontraron vacía. Finalmente, preguntando, averiguaron que Dictis y Dánae estaban en el templo, así que fueron hacia allá. Cuando llegaron a las inmediaciones del templo se percataron de que algo iba mal. Varios grupos de personas observaban con curiosidad el enorme edificio. Otros grupos parecían estar vigilando y algunos incluso parecían estar intentando entrar en su interior, que permanecía sellado y bien cerrado.

La pareja se acercó a un viejo que estaba curioseando y que permanecía apartado de los demás. Perseo no lo conocía y esperaba que a la inversa sucediera igual.

—Anciano, ¿podría decirme qué pasa en el templo, que hay tanto revuelo?

—Claro, joven. Se nota que sois extranjero, porque es extraño no saber que nuestro soberano ha reclamado la mano de Dánae y esta ha huido con el hermano del rey al templo y se han atrincherado allí.

—¿Y qué hay de la princesa Hipodamía? ¿No iba Polidectes a pedir su mano?

—Eso creíamos todos, muchacho, eso creíamos...

Perseo se volvió furioso hacia Andrómeda.

—Dame el zurrón, amada mía, y quédate en la casa de Dictis hasta que yo vuelva. Cierra bien las puertas.

Andrómeda asintió, entregó el zurrón a su marido y le despidió con un suave beso en los labios pidiéndole que tuviera cuidado.

Perseo se encaminó con el escudo a la espalda, la espada al cinto y el zurrón en la mano izquierda, hacia el palacio del rey Polidectes.

Al llegar al palacio, los soldados le impidieron el paso, pero al presentarse le reconocieron y le permitieron entrar sin ponerle ninguna traba. Preguntó por el rey y le dijeron que estaba en la sala del trono en una audiencia. Se encaminó hacia allí y empujó una hoja de las grandes puertas para poder entrar. Ya tenía la mirada de todos clavada en él cuando comenzó a andar sobre las mullidas alfombras hacia el trono. Polidectes se envaró al verle entrar, pero fingió cortesía.

—¡Mi querido Perseo! Estás de vuelta. Acércate, acércate que pueda verte bien. No me digas que has cumplido la misión que tenías en mente cuando partiste.

—Mi rey —dijo Perseo hincando la rodilla a los pies de la escalinata que llevaba al trono. A ambos lados estaba la corte de Polidectes: una veintena de sus partidarios más fervientes y cuatro guardias—. Por fin podréis pedir la mano de la princesa Hipodamía. Os traigo el mejor regalo que podríais presentar con vuestra petición.

—¡Increíble, Perseo! —dijo el rey acallando así los rumores de la corte que estaban al tanto del intento desesperado de Polidectes de casarse con Dánae. Se levantó del trono y avanzó hasta el borde de la escalera. Solo seis escalones le separaban de Perseo.

—Así es, mi señor. Pensabais que moriría en el empeño para libraros de mí. —Entonces el rey no pudo acallar el rumor.

—Perseo, fuiste tú quien propuso ir a por la cabeza de la Medusa...

—Sé muy bien cómo sucedió. Cómo preparasteis todo para hacerme creer vuestro engaño. Pero, ¿sabéis? Después de todo, aquí estoy. Mi madre sigue sin estar en vuestro poder y así será. Disfrutad de mi ofrenda, pues es para vos que la conseguí.

Perseo metió la mano derecha en el zurrón y los guardias se acercaron instintivamente para detenerle, pero el rey hizo un gesto y pararon donde estaban. Para Polidectes, tener la cabeza de la Medusa era un gran tesoro. Después de que Perseo se la diera podría matarle y seguir en su intento de conseguir a Dánae para casarse con ella. El joven sacó la cabeza y la situó en alto, frente al rey. Este admiró la decapitada cabeza de la gorgona, con sus cabellos de serpientes y esos ojos... esos ojos que le atrapaban... Comenzó a sentir como la inmovilidad se apoderaba de él. Gritó antes de acabar de convertirse en piedra.

Los soldados, al ver aquello, tuvieron diferentes reacciones. Tres de ellos se lanzaron hacia Perseo y otro trastabilló hacia atrás de puro terror. El joven héroe enseñó la cabeza a aquellos que le quisieron atacar y tres estatuas más adornaron el salón del trono.

—¿Alguien más quiere acompañar a su traicionero rey?

Nadie contestó.

Entonces, guardando la cabeza en el zurrón, pero sujetándola todavía, por si era necesaria, se volvió hacia el guardia que quedaba con vida.

—¡Tú! Marcha rápido al templo y detén la locura que allí se está perpetrando. Informa de que Polidectes ha muerto y de que Dictis es el nuevo rey de Sérifos. Que él y mi madre vengan a palacio inmediatamente.

Perseo quedó a la espera en palacio e hizo llamar también a su esposa Andrómeda. Una vez los tres estuvieron allí, tuvo lugar el feliz reencuentro, ante la estatua de piedra de Polidectes. Dánae abrazó a su hijo llorando de alegría y Dictis, orgulloso, esperaba para abrazarlo también, pues lo consideraba como un hijo propio. Ambos conocieron a la bella esposa de Perseo, a la que también abrazaron dándole la bienvenida a la familia.

—Desde este momento podéis considerar, por sucesión, a Dictis, el hermano del rey, vuestro nuevo rey. ¡Larga vida a Dictis! —La sala entera se unió a los gritos. Poco a poco habían llegado más habitantes de la isla, conforme el rumor de la muerte del rey se extendía. Así el grito de «Dictis rey» se propagó por Sérifos con rapidez.

Después de la coronación, Perseo fue al templo. Allí agradeció a los dioses su ayuda y devolvió las sandalias aladas a Hermes, también ofreció el casco de la invisibilidad y el zurrón a Hades y a Atenea devolvió el escudo y le regaló la cabeza de Medusa. Los dos primeros desaparecieron con los presentes y Atenea se quedó un momento colocando la cabeza de Medusa en el escudo, de tal forma que quedó como si fuera su emblema impreso en él.

—A partir de ahora, mi escudo lucirá la cabeza de la Medusa que tan valientemente has logrado y me has ofrecido. Tu padre Zeus te envía sus felicitaciones y me ha dicho que la espada es un regalo, que puedes seguir portándola con honor.

—Gracias, mi señora.

Una noche, cuando Perseo estaba en palacio, asomado en la muralla observando las luces de la ciudad, su madre se acercó y le abrazó.

—Querida madre, tengo algo que preguntarte.

—Dime, hijo.

—En el reino de Cefeo, durante la boda con Andrómeda, tuve que enfrentarme a un semidiós, su nombre era Agénor. Él me dijo que mi abuelo nos había metido a ti y a mí en una caja y arrojado al mar. ¿Puedes explicarme eso, madre?

—Claro, hijo —dijo Dánae derramando lágrimas. Entonces le contó la historia de la profecía, de su encierro, de cómo Zeus lo concibió y de cómo su abuelo Acrisio los condenó a morir en una caja en el mar.

Perseo limpió las lágrimas del rostro de su madre y la abrazó.

—Iré a aclarar esto con Acrisio.

—Es tu abuelo, Perseo. Recuerda la profecía. Estás destinado a matarlo, pero es tu abuelo.

—Lo sé, madre. Veremos cómo acaba todo. No has de olvidar lo que nos ha hecho él a nosotros —dijo el joven duramente mientras dejaba a su madre sola ante las estrellas, en el frío de la noche.

Sin embargo, cuando Perseo abandonó Sérifos un par de días después, para ir a Argos, lo hizo con su madre y su esposa. Un barco los llevó al continente. Cuando entraban en el grandioso puerto de Argos estaban nerviosos ante lo que podía acontecer. Dánae temblaba en proa mientras Andrómeda la abrazaba por la espalda intentando calmarla. Eran demasiados recuerdos el ver de nuevo la torre de bronce allá en lo alto, en la que pasó encerrada gran parte de su juventud.

Desembarcaron tras amarrar junto a otra docena de grandes barcos. Pronto se dieron cuenta de que la gente de la ciudad de Argos estaba al tanto de su llegada. Se habían congregado por miles para verlos. Perseo consiguió hacerse un poco de hueco y pidió a gritos que los llevaran ante el rey Acrisio. Un soldado, de los que había por allí, consiguió acercarse lo suficiente para informarle de que el rey había huido de la ciudad al conocer la noticia de que su nieto se dirigía hacia Argos. Perseo y Dánae se miraron sorprendidos. Alguien gritó que Argos era una ciudad sin rey. La gente empezó a encomendarse a los dioses. Otro más lejos dijo que Perseo era el nieto del rey y debía sucederle. Inmediatamente surgieron voces que coreaban «¡Perseo, rey!».

El joven no pudo acallarlas y fue llevado prácticamente en volandas, junto a su madre y su reina, hasta el palacio. Allí, en un extraño y rápido acto, fue coronado rey por el pueblo de Argos y la gente comenzó a festejarlo en ese mismo instante. Los mayordomos y sirvientes sacaron los más ricos productos de las bodegas de Acrisio y la fiesta duró hasta la mañana siguiente.

Perseo, durante la noche, celebró su coronación totalmente sorprendido, pero aprovechó para hacer averiguaciones sobre su abuelo Acrisio. No sacó mucho en claro. Parecía que el rey había desaparecido sin dejar rastro, así que, contrariado, decidió que su lugar estaba rigiendo el pueblo de Argos, junto a Andrómeda.

Pasaron unos pocos días en los que Perseo fue aclimatándose al trono. Decidió, con ayuda de los consejeros, que debía estrechar lazos con otras polis, porque, a pesar de sus hazañas, un rey solo era un blanco fácil de cualquier coalición de ciudades que se aliaran en su contra. Por esas fechas se iba a celebrar unos juegos en Larisa, por lo que decidió ir a participar en los juegos y tratar con su rey. Lo que Perseo no sabía es que Acrisio estaba oculto en aquella ciudad y Acrisio no sabía que Perseo iba a ir allí, sin anunciarse con la suntuosidad normal en los reyes, para tomar parte en los juegos.

Así fue como Perseo llegó a Larisa y se inscribió en los juegos. Llegó el momento de la prueba de lanzamiento de disco y Perseo disfrutaba enormemente de su anonimato participando en los juegos. Lanzó el disco con fuerza. Era un gran lanzamiento, pero iba desviándose poco a poco. Al caer impactó en un viejo que había en las cercanías. El hombre cayó al suelo muerto en el acto, con la cabeza abierta. Perseo corrió hacia allí. Cuando llegó ante el cadáver ya había una multitud rodeándole. Se hizo hueco apartando a la gente con nerviosismo. Al ver el cadáver comprendió que nada se podía hacer por el viejo. Se arrodilló ante él y lloró. Uno de los allí congregados reconoció al viejo y exclamó:

—¡El fallecido es el viejo Acrisio! Huyó de Argos para librarse de su nieto, solo para encontrar la muerte aquí de una forma absurda. Pobre hombre. Los dioses no se apiadaron de él.

—¿Qué? —Se volvió Perseo con los ojos enrojecidos—. ¿Dices que este hombre es Acrisio?

—Así es —afirmó alguien más mientras el otro hombre solo asentía.

—Crueles son los dioses que no me han permitido hablar con él antes del inevitable suceso. Tal vez pensaran que no sería capaz de cumplir con mi destino...

—¿Qué está diciendo este hombre? —dijo una mujer. La gente comenzó a murmurar y a elucubrar.

—He cumplido con la profecía, pues soy Perseo, nieto de Acrisio —dijo incorporándose. Miró al cadáver una última vez y salió del corro con los brazos caídos mientras la gente se apartaba de su camino.

Perseo abandonó los juegos y regresó a Argos sin hablar con el rey de Larisa. Abrazado a su esposa, Andrómeda, contó a Dánae lo sucedido. Dánae derramó lágrimas por su padre, a pesar de lo sucedido años atrás y pidió que se trajera su cuerpo para enterrarlo en Argos, pues a pesar de todo, era el rey de la polis. Perseo allí mismo, ante el cadáver de su abuelo, decidió que no gobernaría la ciudad y escribió una carta al primo de su madre, Megapentes, que era rey de Tirinto, en la que le proponía un extraño trato.

Cuando Megapentes recibió la carta la leyó con desconcierto en el rostro. Inmediatamente hizo los preparativos, pues lo que allí le proponía su sobrino segundo era un trato muy ventajoso para él. La contestación no se hizo esperar y pronto Megapentes llegó a Argos y fue coronado como rey por el propio Perseo. Luego de los festejos, una gran caravana partió hacia Tirinto y allí Megapentes nombró rey a Perseo. La gente de todo Hélade recibió con extrañeza la noticia, principalmente los habitantes de ambas ciudades, pero pronto se acostumbraron a ello y Perseo vivió con calma el resto de su reinado junto a la bella Andrómeda, como reyes de Tirinto.

A su muerte fueron catasterizados por los dioses en recuerdo de la epopeya de la que fueron partícipes. Por ello, ocupan un lugar preeminente en el cielo, junto a otros protagonistas de la historia como Cefeo, Casiopea, Cetus y Pegaso, sin olvidarnos de la cabeza de la bella pero mortal Medusa.

Anexo astronómico

Perseo y Andrómeda protagonizan una de las historias más recordadas de la mitología griega y su representación en el cielo podría decirse que es la principal en cuanto a constelaciones y espacio ocupado: Andrómeda, sus padres Cefeo y Casiopea, Perseo, Pegaso, el monstruo Cetus o incluso los peces de Piscis, según algunas versiones, son las seis o siete constelaciones que nos dibujan esta preciosa historia. A lo largo de los tiempos se ha contado de muchas formas: desde tragedias como las de Sófocles y Eurípides, hasta el teatro de Lope de Vega, pasando por poemas y novelas; también contamos con infinidad de cuadros desde los de Tiziano y Rembrant hasta Rubens, y esculturas. En cuanto a música, Calderón de la Barca creó el texto de una semi-ópera, existe una ópera de Claudio Monteverdi (siglo XVII) y hasta el conocido grupo Gorillaz lanzó un single llamado Andrómeda en 2017. Por último, cabría

MAPA DE LOCALIZACIÓN

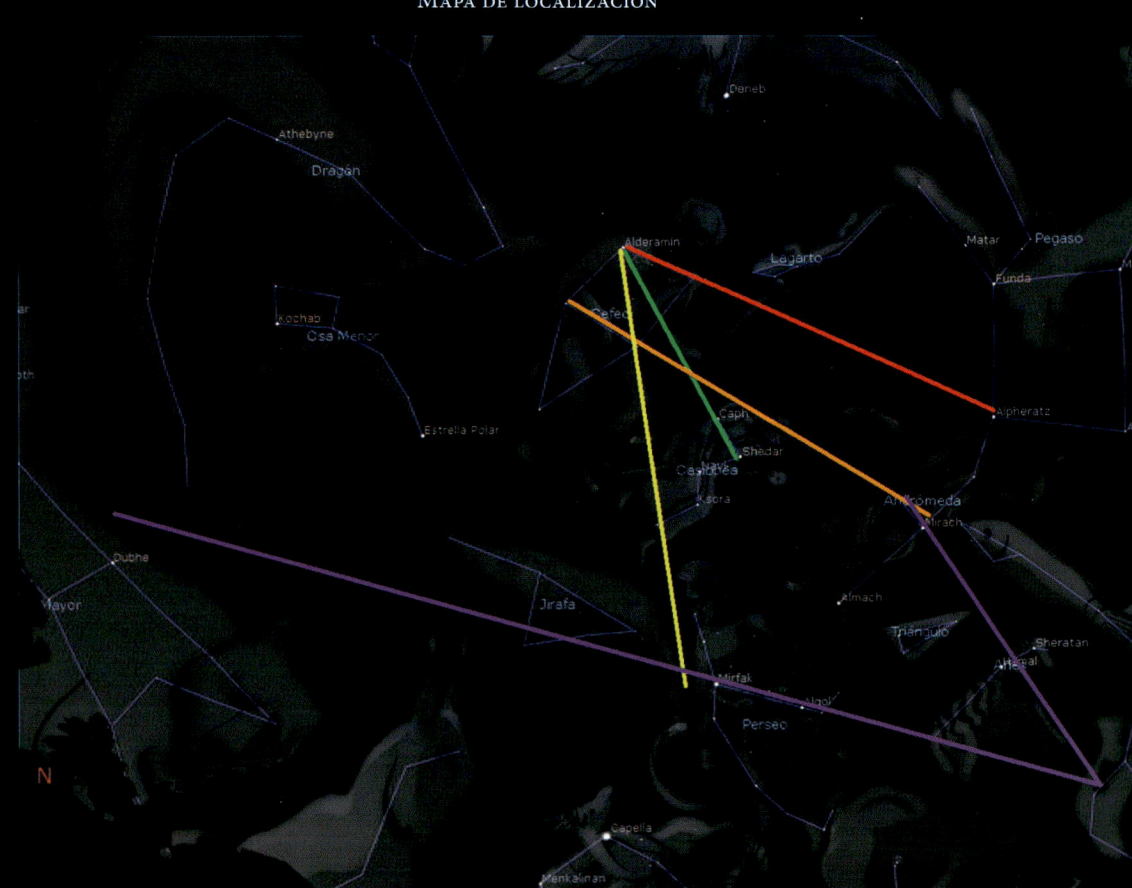

destacar las famosas películas de cine *Furia de Titanes de 1981 y 2010*. Vemos que toda plataforma posible ha sido usada para recordar a estos míticos personajes.

Se trata de una historia cargada de complicadas decisiones, de lucha contra el poder establecido por los dioses del Olimpo y de una fantasía desbordante. Ya en la introducción de *Andrómeda*, la tragedia de Eurípides, se nos presentaba a la joven princesa conocedora de la difícil situación en que se encontraba:

¿Por qué yo, Andrómeda, por encima de cualquier otra, he obtenido en suerte *tantos males, desdichada de mí, que la muerte voy a encontrar?* *(...) que he sido expuesta como pasto para un monstruo marino.*

Para localizar las constelaciones de este mito, hemos de saber que todas ellas se encuentran juntas en la misma zona del cielo. Cefeo y Casiopea son las que aparecen más al norte y, debido a ello, se trata de dos de las constelaciones circumpolares que se han explicado en el anexo de las Osas de este mismo libro. También se las conoce como las indestructibles, ya que pueden verse en el cielo nocturno cualquier noche del año. A partir de aquí, todas las demás constelaciones del mito se ocultan por debajo del horizonte durante un tiempo en nuestra península ibérica. El Pegaso, comienza a verse por el noreste en los anocheceres desde finales de junio y, junto a Andrómeda, pueden contemplarse ambas constelaciones al completo al anochecer de inicios de agosto. No es hasta el diez de enero cuando Pegaso se encuentra tan cerca del horizonte al anochecer que empieza a desaparecer por el noroeste las noches posteriores, llegando a desaparecer por completo a finales de marzo. Con Andrómeda sucede parecido. Por su forma y posición con respecto a Pegaso, está completa en los anocheceres de principios de agosto y comienza a desaparecer por el noroeste del cielo desde finales de marzo hasta finales de abril. Con Perseo disponemos de unas fechas diferentes ya que viene por detrás de Pegaso y Andrómeda y, además, tres de sus estrellas principales (de las que dibujan la figura de Perseo en el cielo) están en la zona que no se ocultan por el horizonte; se trata de **Miran (η Per)**, **γ Per** y **Mirfak (la α Per)** que, al encontrarse por encima de los 50° sobre el horizonte, bien podrían pertenecer a esas indestructibles que ya hemos comentado, pero son una pequeña parte de Perseo y no la constelación completa. Para poder ver a Perseo al completo deberemos esperar a los anocheceres de principios de octubre, y permanecerá en el cielo hasta

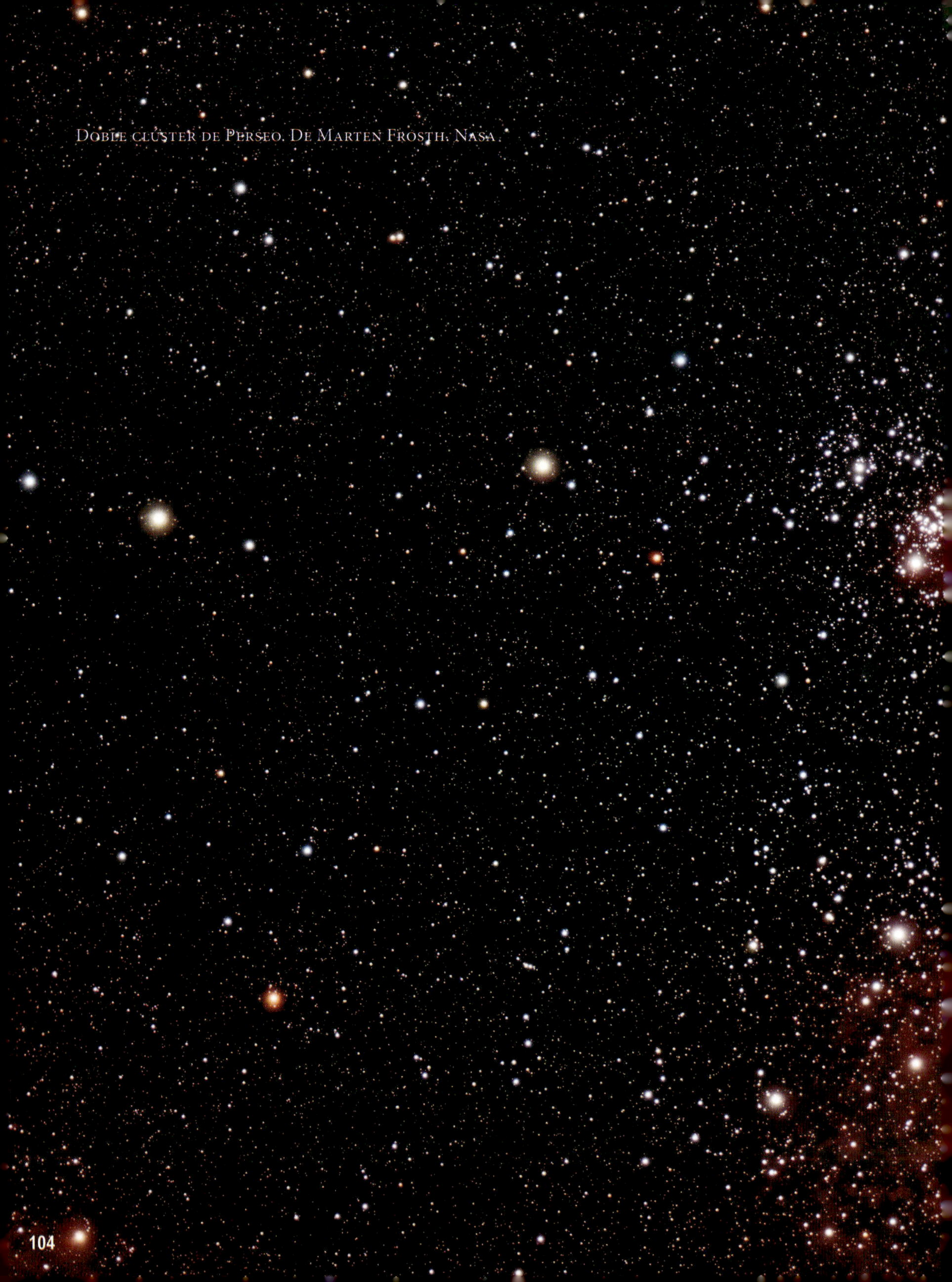

Doble clúster de Perseo. De Marten Frosth. Nasa

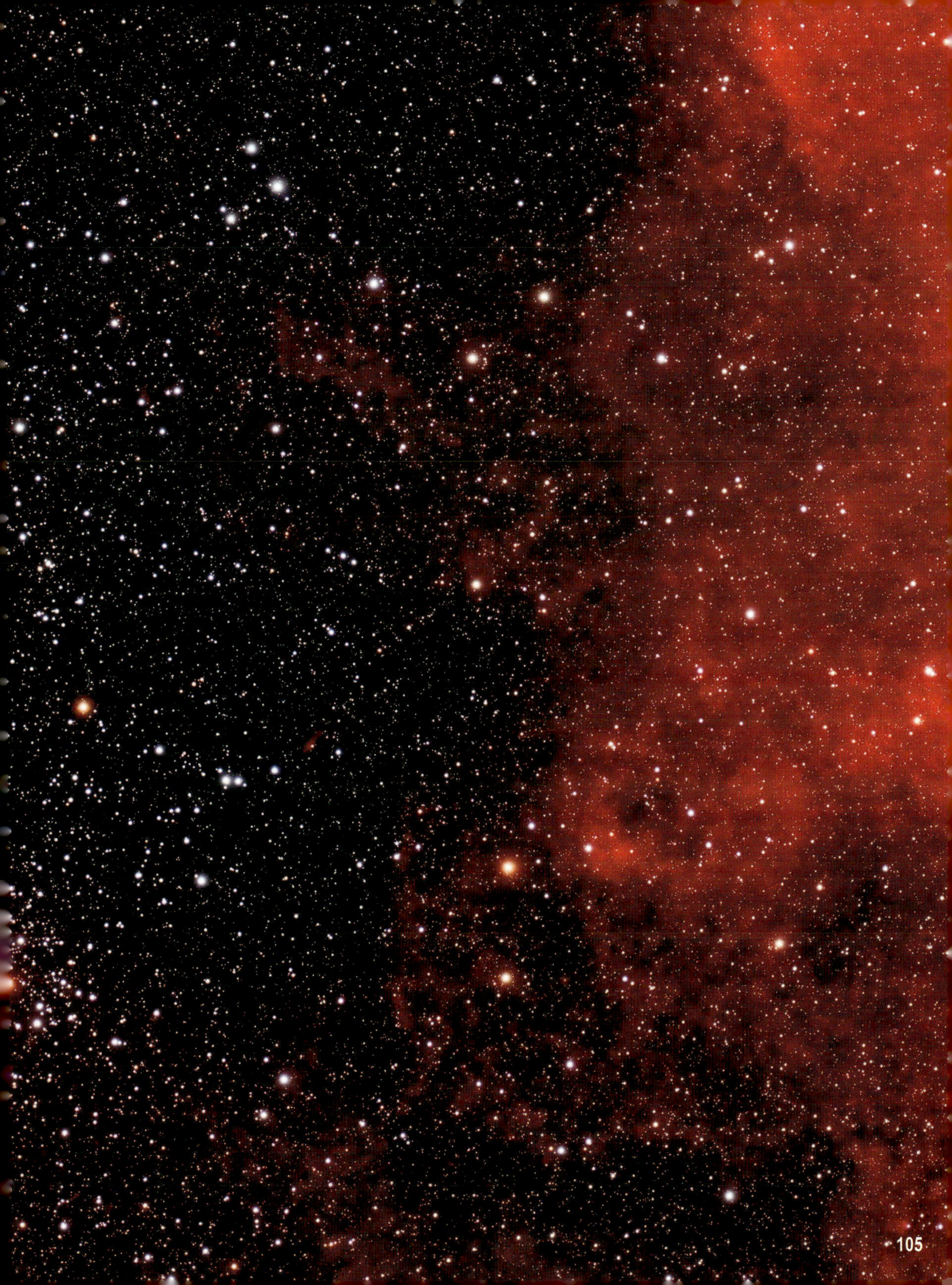

Constelación de Perseo. De NASA/ESA. Imagen procesada por J.-C. Guillandre (CEA Paris-Saclay) y G. Anselmi. CC

CLÚSTER DE GALAXIAS DE PERSEO. DE NASA/ESA. IMAGEN PROCESADA POR J.-C. GUILLANDRE
(CEA PARIS-SACLAY) Y G. ANSELMI. CC

Tipo: **estrella**
Magnitud: **-26.75**
Magnitud absoluta: 4.83
AP/Dec (J2000.0): 0h26m34.19s/+2°52'06.0"
AP/Dec (en fecha): 0h27m52.01s/+3°00'29.7"
HA/Dec.: 12h28m41.15s/+3°00'29.7"
Az./Alt.: +10°07'48.0"/-44°51'42.9"
Gal. long./lat.: +110°39'39.1"/-59°24'34.6"
Supergal. long./lat.: -62°42'00.8"/+7°37'07.0"
Ecl. long./lat. (J2000.0): +7°13'57.9"/-0°00'08.8"
Ecl. long./lat. (en fecha): +7°35'07.8"/-0°00'06.3"
Oblicuidad eclíptica (en fecha): +23°26'19.3"
Luz mínima siguiente: 12h56m33.1s
Hora Aparente Sideral: 12h56m33.2s
Sale: 6h57m
Tránsito: 13h11m
Se pone: 19h24m
Tiempo de día: 12h26m
Ángulo de paralaje: -7°33'41.6"
Constelación IAU: Psc
Movimiento por hora: +0°02'33" hacia 67.0°
Movimiento por hora: dα=+0°02'21" dδ=+0°00'60"
Distancia: 0.998 UA (149.317 M km)
Tiempo de luz: 0h08m18.1s
Diámetro aparente: +0°32'02.05"
Diámetro: 1391400.0 km
Día sidéreo: 609h07m11.6s
Velocidad de rotación ecuatorial: 1.993 km/s

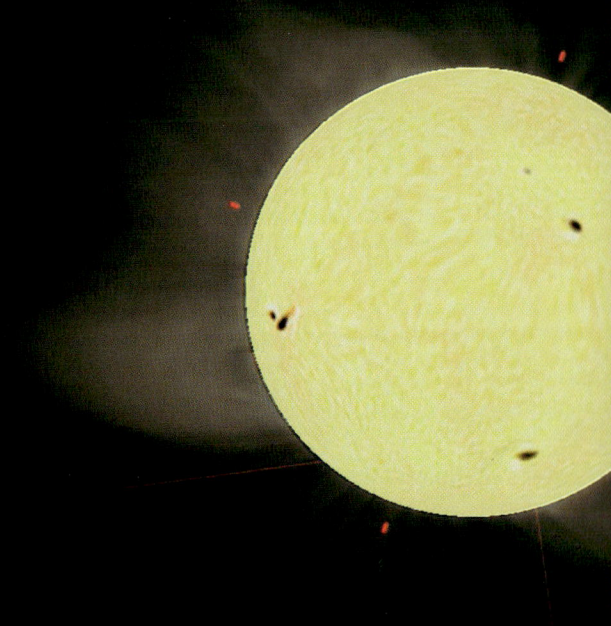

SOL EN CETUS

el cinco de mayo, momento en el cual comenzará a desaparecer de nuestros anocheceres, teniendo en cuenta que las tres estrellas seguirán presentes en nuestro cielo nocturno a no ser que dispongamos de un horizonte muy bajo en la zona norte del lugar desde donde estemos observando. Cetus sería la constelación que se encuentra más al sur del mito que estamos tratando; por ello es la que menos tiempo permanecerá en nuestras noches, ya que comienza a verse en los anocheceres de mediados de septiembre y no es hasta mediados de noviembre que se muestra completa. Comenzará a ocultarse al anochecer del primer día de marzo y dejará de verse por completo a mediados de abril.

Ahora que ya sabemos en qué momento podemos encontrar las constelaciones del mito de Perseo y Andrómeda, tenemos que aprender a localizarlas en el cielo. Para ello usaremos el mapa de la página 102 para ver y reconocer las formas de las constelaciones características de la zona.

Para empezar, buscaremos el norte si sabemos dónde se encuentra aproximadamente, o bien por la estrella polar que ya hemos aprendido antes a buscarla, o por la búsqueda de esa letra W que hay en el cielo del norte y que es tan característica y a la par tan fácil de reconocer. Se trata de Casiopea, que, además, al ser una de las constelaciones circumpolares, estará presente en la parte norte de nuestro cielo en cualquier fecha del año y es un magnífico punto de partida para localizar el resto de constelaciones de este mito. Vemos en el mapa que Cefeo es fácil de situar en la cercanía de Casiopea siguiendo la propuesta realizada con la línea verde que no hace otra cosa que prolongar la línea que une las estrellas **Sheda** (**α Cas**) y **Caph** (**β Cas**). Cefeo tiene el aspecto de una casita de tejado de dos aguas de las que dibujábamos de niños. Esa casita nos permitirá encontrar Casiopea, si es que se nos ha complicado su búsqueda inicial siguiendo el proceso inverso, pero también nos va a simplificar la búsqueda de otras constelaciones del mito. Para ello vamos a prolongar la línea del suelo (que une las estrellas **Alderamín α Cep** y **ζ Cep**) y que hemos representado en el mapa con color rojo, para llegar a pasar muy cerca de **Alpheratz**, que es la **α And** y que se trata de una de las esquinas del gran cuadrado que forma el cuerpo de Pegaso. **Alpheratz** y la línea que prolongamos del techo de la casita (justo la parte de debajo del triángulo de tejado, que está formada por las estrellas **Alfirk**, que es la **β Cep** y **ι Cep** y que hemos representado en color naranja en el mapa) nos muestran Andrómeda, pues dicha línea pasa muy cerca de la galaxia de Andrómeda y toda la cadena de la constelación, cuya estrella más brillante es **Mirach** (**β And**).

Perseo tiene, como ya hemos anticipado, tres estrellas principales que pertenecen a la zona circumpolar, que nunca se ponen en las noches de la península ibérica: son **Miran** (**η Per**), **γ Per** y **Mirfak** (la **α Per**). Hacer una línea recta entre ellas que, para localizarlas y encontrar así a Perseo podríamos usar la diagonal de Cefeo formada por **Alderamín** y **ι Cep** que hemos pintado de color amarillo y que, tras atravesar Casiopea junto a la esquina izquierda de su W, pasa muy cerca y casi paralela a la línea recta que formarían estas tres estrellas de Perseo. La estrella más brillante de la constelación, **Mirfak**, nos serviría para localizar rápidamente los ojos de Medusa, pues estos formarían una línea recta (color morado) que cruzaría la anterior prolongándose hasta **Dubeh** de la Osa Mayor. Serían la estrella **Algol** (*β Per*) y *ρ Per*.

La posición de Cetus, como la constelación más apartada de todas las del mito, y que, además, no cuenta con estrellas demasiado brillantes, la hacen la más complicada de situar de las que se presentan en este capítulo en el cielo nocturno, aunque, usando las tres posibilidades que se ofrecen a continuación, es probable que la localices con bastante éxito. La primera opción que usaremos, y también la más mitológica, es la de Perseo. Para ello volvemos a localizar **Mirfak** (que es la *α Per*), una estrella muy brillante con magnitud aparente* 1,79. La línea que la une a los ojos de Medusa, que ya hemos explicado que son **Algol** (*β Per*) y *ρ Per*, debemos prolongarla como vemos en el mapa con la línea de color morado (que llega por un lado hasta **Dubeh** de la Osa Mayor, pero por el otro vemos que pasa por **41 Ari** de la constelación de Aries y continúa hasta **Al Kaff al Jidhmah II** (*ξ2 Cet*) y algo por encima de **Al Kaff al Jidhmah IV** (*μ Cet*), que es el ojo de Cetus, y esto representaría el momento en que

Mapa de objetos de Andrómeda

erseo petrifica a Cetus al mostrarle la cabeza de Medusa. Así tendríamos la cabeza de Cetus y deberíamos ir adivinando el contorno del monstruo marino desde allí ayudándonos del mapa para facilitar la localización de las estrellas del mismo. La segunda opción partiría de la cadena de Andrómeda y la hemos representado en el mapa también en color morado. Nos llevaría cerca de **Hamal (α Ari)** y continuando hasta la cercanía del ojo de Cetus que, como ya hemos dicho, sería **Al Kaff al Jidhmah IV (μ Cet)**. Por último, podríamos usar la constelación de Piscis que, aunque no dispone de estrellas demasiado brillantes, sí que dibuja en el cielo una figura fácilmente reconocible con los dos peces atados por sus colas con una cuerda. Prolongando la cuerda desde el pez que se encuentra más cercano a Andrómeda, a partir de **Alrisha (α Pis)** llegaremos, con la línea morada, hasta **Mira**, **Sadr al Kaitos III** y **Sadr al Kaitos V**, que formarían algo así como la bajada del cuello y el pecho del monstruo.

ANDRÓMEDA

Hoy en día encontramos a la princesa Andrómeda en el cielo, con la cadena con la que la aferraron a la roca para que Cetus la devorase. Esa cadena nos lleva a uno de los objetos más interesantes de nuestro cielo, porque es el único que podemos ver a simple vista en el hemisferio norte que se encuentra fuera de nuestra galaxia. Se trata de la galaxia de Andrómeda (datada como M31) que, con una magnitud* de poco más de 4, es un buen premio para todo astrónomo aficionado que disponga de un cielo libre de contaminación lumínica. Nuestra gran vecina del grupo local es una galaxia espiral* que está interactuando con la Vía Láctea*, con la que acabará por colisionar en un futuro lejano. Se encuentra a 2,5 millones de años luz de nosotros y se acerca a nosotros a algo más de 400 mil kilómetros por hora. Son cifras desmesuradas, pero que nos transmiten un certero dato y es que en cuatro mil millones de años nuestra galaxia chocará con la de Andrómeda, un tiempo antes de que nuestro Sol se agote.

En la constelación podemos encontrar otros dos objetos Messier* interesantes, se trata de M32 (pequeña y compacta) y M110 (más grande y difusa). Son dos galaxias elípticas* vecinas de la galaxia de Andrómeda, para las que ya es necesario telescopio, puesto que su magnitud está en 8,7.

En el lado opuesto de la constelación, podemos disfrutar de la estrella Gamma Andromedae (y) cuyo nombre es Almach, que con telescopio nos brinda la oportunidad de ver una estrella doble* de gran belleza, ya que una de ellas es amarilla y su compañera es de un azul verdoso. Aprovechando esta estrella doble como referencia, podemos bajar unos 5 grados hacia el sur para localizar un cúmulo abierto* catalogado como NGC 752, formado por estrellas bastante brillantes que pueden disfrutarse con unos prismáticos o un telescopio con pocos

Galaxia de Andrómeda. De L. Luc Viatour. CC

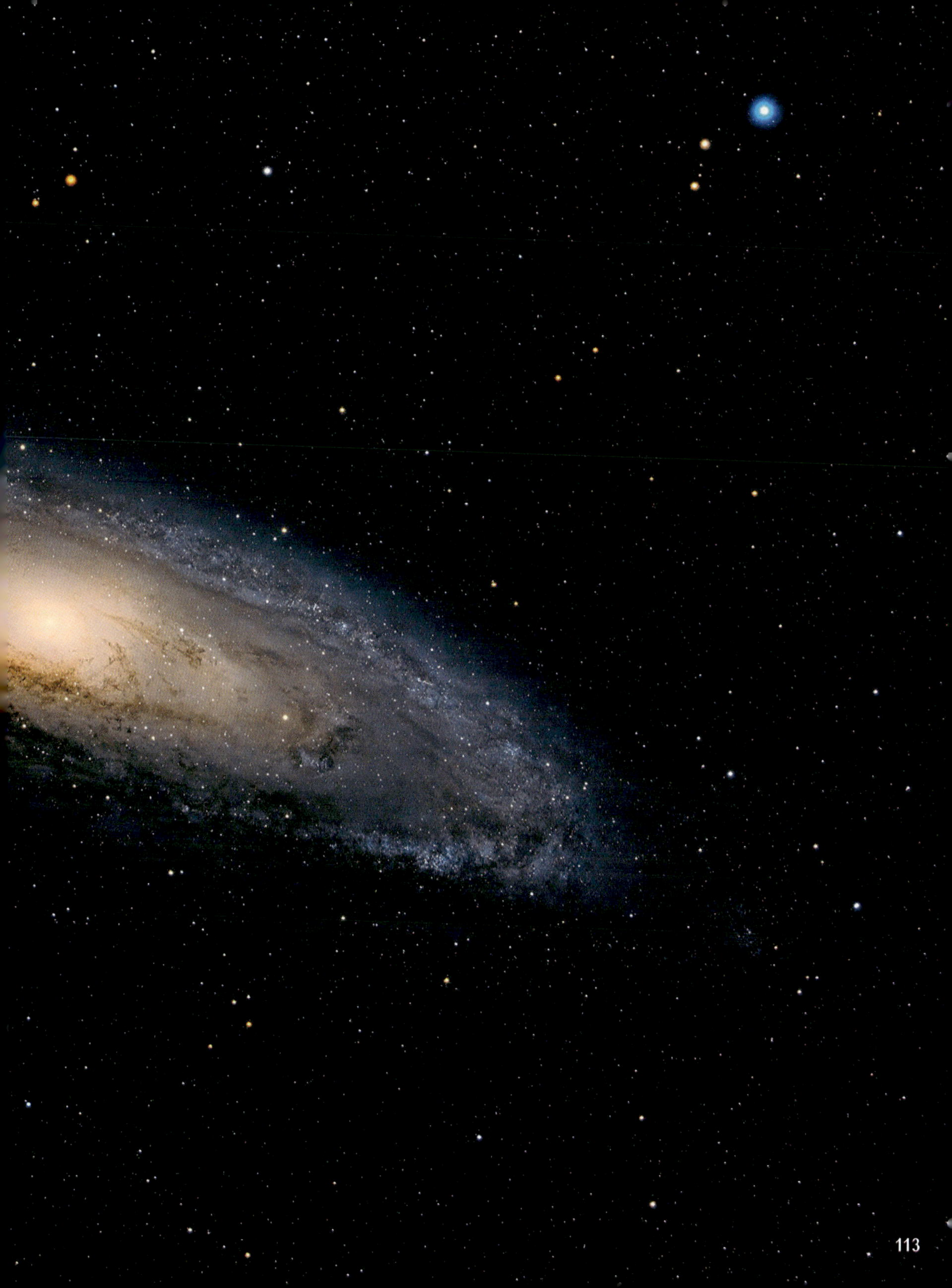

Deneb Kaitos Shemali

Dheneb

Diphda

Mira Ballena

Menkar

Al Naymat II

MAPA DE OBJETOS DE CETUS

En la parte superior de la constelación nos detendremos en NGC 7662, porque observarla con un telescopio de al menos 150 mm puede descubrirnos que, lo que parecía una simple estrella, se convierte en una nebulosa planetaria* bastante brillante y de un tono azul verdoso que se conoce con el sobrenombre de la nebulosa Bola de Nieve, que es como aparece en el mapa de Andrómeda. Cerca de ella tenemos nuestra última parada, NGC 7686, que es un cúmulo abierto que contiene unas 80 estrellas y que tiene una magnitud aparente de 5,6 por lo que unos prismáticos pueden servir para observarlo.

La constelación ocupa el puesto 19 en cuanto a tamaño, cubriendo un 1,751 % del cielo y dispone de 152 estrellas con una magnitud inferior a 6,5 y, por lo tanto, visibles a simple vista en los cielos indicados. De todas ellas, el honor de ser la estrella más brillante lo comparten Mirach, la β Andromedae y la α Andromedae, que ya hemos presentado con el nombre de Alpheratz, (2,07 de magnitud aparente ambas). Alpheratz también es nombrada en ocasiones como Sirrah y es que ambos nombres provienen de cuando en la Edad Media el pueblo

MAPA DE OBJETOS DE PEGASO

árabe la denominaba al *Surrat al Faras*, que vendría a ser el *ombligo del caballo*. Por ello, aunque apenas se usa, se la puede conocer también como si fuera la estrella δ Pegasi y es que podríamos decir que esta estrella es la perfecta unión de ambas constelaciones, tanto que unos la han situado en una y otros en la otra. La denominación más aceptada y oficial para la UAI* es la de Alpheratz como la alfa de Andrómeda.

PEGASO

Partiendo de Alpheratz descubrimos al caballo alado Pegaso; una constelación grande que dibuja un cuadrado en el cielo, conocido también como la Gran Escuadra de Pegaso. Es fácil de localizar porque la forman estrellas brillantes y su interior está bastante vacío. En concreto, Pegaso es la séptima constelación en cuanto a tamaño, cubriendo un 2,717 % del cielo. Dispone de 177 estrellas por debajo de la magnitud* 6,5, siendo Enif (ε Peg) su estrella más brillante con una magnitud aparente de 2,39.

Imagen del cúmulo M15 de la constelación de Pegaso.
Imagen obtenida con el telescopio Hubble. De NASA. CC

El Quinteto de Esteban es un grupo de cinco galaxias situado en la constelación de Pegaso.
De NASA, ESA & The Hubble SM4 ERO Team. CC

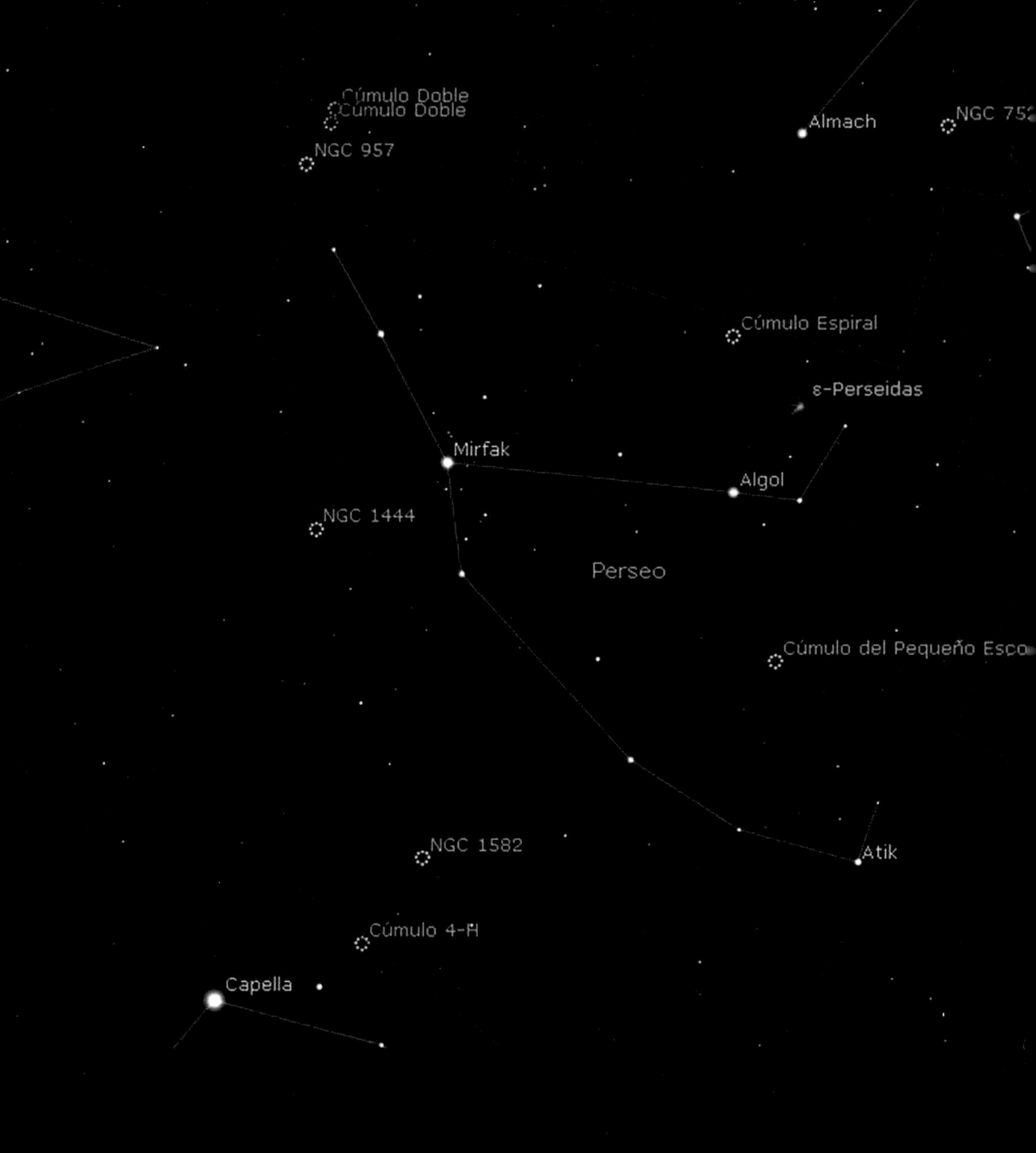

Cúmulo Doble
Cúmulo Doble
NGC 957

Almach
NGC 752

Cúmulo Espiral

ε-Perseidas

Mirfak   Algol

NGC 1444

Perseo

Cúmulo del Pequeño Esco

NGC 1582

Atik

Cúmulo 4-H

Capella

MAPA DE OBJETOS DE PERSEO

lo mejor de esta constelación está disponible en el resto del área celeste que ocupa. De esos objetos que pueden encontrarse fuera del cuadrado de Pegaso podemos destacar el Messier* M15, un cúmulo globular* que se conoce como el cúmulo de Pegaso y que puede observarse con prismáticos, pero que disfrutaremos plenamente con telescopio. Es fácil de localizar prolongando la línea de la constelación que hace el cuello de Pegaso hasta Enif.

Aumentando la dificultad, pasamos a observar galaxias, ya que, en Pegaso, disponemos de la NGC 7331, que es una galaxia espiral* de magnitud aparente en torno a 10. Nos servirá de punto de partida para encontrar el débil grupo de galaxias conocido como el Quinteto de Esteban. Lo podremos localizar a solo medio grado al sur de la NGC 7331, pero ya son palabras mayores para un observador principiante con un telescopio sencillo.

PERSEO

El protagonista de la historia, Perseo, presenta una constelación que ocupa 1,491 % del cielo siendo la número 24 en cuanto a tamaño. Contiene un total de 158 estrellas con magnitud* inferior a 6,5 y encierra algunos objetos dignos de mención, como puede ser la estrella Algol la β de Perseo. Esta estrella es una variable eclipsable* que varía su magnitud de 2,1, en un ciclo completo que dura 2 días, 20 horas y 48 minutos, a 3,4, permaneciendo en este valor por 10 horas en total de todo ese periodo. Su nombre, proviene del que, en la antigüedad para los árabes, venía a significar: *el ojo del demonio*, debido a ese cambio de magnitud tan rápido y pronunciado y que, justamente, representa uno de los ojos de Medusa.

También en Perseo encontramos un objeto del catálogo Messier* denominado M34; se trata de un cúmulo abierto* de 5,5 de magnitud aparente y que podemos disfrutar tanto con prismáticos como con telescopio. Es conocido comúnmente como el cúmulo Espiral y así aparece representado en el mapa, situado en los límites de la constelación por encima de la estrella Algol.

La principal atracción de Perseo, sin duda, es el cúmulo Doble (NGC 869 y 884). Nos encontramos con unos cúmulos abiertos que se pueden contemplar a la vez, mediante prismáticos o telescopios con pocos aumentos, debido a su cercanía en el cielo. La imagen que ofrecen en un simple vistazo es preciosa pues tienen magnitudes de 3,7 y 3,8.

Muy cerca del doble cúmulo podemos encontrar el NGC 957, que es un cúmulo abierto con una magnitud aparente de 7,6.

NGC 1444 y NGC 1582 son otros dos cúmulos abiertos que podemos encontrar en el espacio de la constelación de Perseo; con magnitudes cercanas a 7 ambos por último, os invitamos a buscar el NGC 1342 que también es conocido como el cúmulo de Pequeño Escorpión. Si contáis con *Cuentos del Cielo. Una iniciación a la astronomía*, podéis buscar en la historia de Orión el mapa de la constelación de Escorpio y jugar a las semejanzas. Este cúmulo abierto de magnitud aparente 6,7, descubierto por William Herschel* el 28 de diciembre de 1799, no es una inocentada si os parece un pequeño escorpión.

No se puede hablar de esta constelación sin tratar la conocida lluvia de estrellas* de las Perseidas, cuyo máximo está entre el 11 y el 13 de agosto. Debe su nombre a que los meteoros parecen provenir de la constelación de Perseo. Se corresponden con el polvo y las partículas que el cometa Swift-Tuttle deja a su paso por la órbita terrestre. Su último avistamiento fue en 1992. En Aragón, esta lluvia de estrellas es conocida como las Lágrimas de San Lorenzo, debido a la cercanía de fechas del máximo con la celebración de este santo, patrón de Huesca entre muchos otros lugares de la geografía española, y que se celebra el 10 de agosto. Según los cálculos actuales, el próximo paso del Swift-Tuttle será hacia el año 2126 por lo que es de esperar que la lluvia de estrellas vaya perdiendo fuerza con el paso de los años hasta su nueva llegada.

CETUS

La ballena, el gran monstruo marino de esta historia, se encuentra en la región del cielo conocida como Agua, por las constelaciones relacionadas con ese medio que se encuentran allí.

Del nombre de esta constelación, proviene el vocablo con el que se define a las especies emparentadas con las ballenas, *los cetáceos*.

La amplia región del cielo que ocupa es la cuarta más grande con un 2,985 %. Sus estrellas no son excesivamente brillantes, pero dispone de un total de 189, que tienen una magnitud* menor a 6,5. Sin embargo, a pesar de su gran tamaño, no es una región muy poblada de objetos curiosos para el observador principiante, aunque podemos presentar, al menos, un miembro del catálogo Messier*, el M 77, que es una galaxia espiral* de magnitud 9 en la que con un telescopio de 100 mm ya se pueden empezar a observar detalles interesantes.

Además, no debemos olvidarnos de la estrella Mira u Omicron Ceti (o) que es una estrella variable* que da nombre a las de su tipo. El 13 de agosto de 1596, el holandés David Fabricius la observó por primera vez en la Ballena y luego desapareció, apareciendo de nuevo en 1609. Johannes Hevelius la llamó Mira (maravillosa) en 1662 debido a que su magnitud oscilaba de 3,4 a 9,3 en once meses.

La mayor curiosidad de Cetus la protagoniza el Sol. Nuestra estrella marca en el cielo con su recorrido las constelaciones del Zodíaco. Por superstición babilónica (aquellos que lo crea-

Galaxia en espiral Cetus, Messier 77, fotografiada por el telescopio Hubble.
De NASA, ESA & A. van der Hoeven

ron hace más de cuatro mil años), las constelaciones por las que el Sol recorren el cielo han sido doce, pero en verdad son trece contando a Ofiuco como la del número de mal agüero, pero a las 17:45 del 27 de marzo el Sol entra en la Casa de Cetus. No llega a pisarla ni en un cuarto de su tamaño, pero por unas trece horas y veinte minutos aproximadamente la esfera solar comparte su posición con la constelación de Piscis y la de Cetus. Algo que daría un verdadero quebradero de cabeza a los astrólogos que estuvieran haciendo el horóscopo de una persona que naciera justo en esos instantes. La imagen de la página 108 muestra la parte del Sol que llega a rebasar la línea roja que señala la frontera entre ambas constelaciones.

Athebyne

Dragón Aldhibah

Altais

Alderamin

Nebulosa Trompa de Elefante   Lagar

Nebulosa Iris

Cúmulo Caimán Nadador

.δ Cefeida

Alfirk   Cefeo

Pherkad

M52

Kochab

Osa Menor

Caph

Errai

Sheda

NGC

Estrella Polar

Navi
Casiopea

Ksora   Cúmulo de

M103
Cúmulo de la Mariposa
NGC 633

Segin

Nebulosa Corazón
NGC 1027

Nebulosa del Alma

Jirafa

γ Per

MAPA DE OBJETOS DE CASIOPEA Y CEFEO

CEFEO

El padre de Andrómeda es una constelación circumpolar fácilmente localizable y que nos puede ayudar a dar con la estrella Polar. Esta constelación, con apariencia de casa, es el hogar de otra estrella variable que da nombre a uno de los muchos tipos de ellas; se trata de Delta Cefeidas (δ), que da nombre a las variables Cefeidas*. Su variación fue descubierta en 1784 por John Goodricke, un precoz astrónomo sordomudo de veinte años de edad que forma dos años más tarde por neumonía. A lo largo de un ciclo de 5,4 días, esta estrella cambia su magnitud* de 3,5 a 4,4.

Poco más nos ofrece Cefeo, que con un tamaño de 1,425 % es la constelación más pequeña del mito que estamos tratando y la vigesimoséptima del cielo. Contiene 152 estrellas de magnitud menor a 6,5 y los únicos objetos dignos de mención serían: el cúmulo abierto NGC 7160, conocido como el del Caimán Nadador, que tiene una magnitud aparente de 6,7 y fue descubierto por William Herschel* el 9 de noviembre de 1789; y las nebulosas Iris (NGC 7023) y Trompa de Elefante o también conocida como el cúmulo del Guante Místico (IC 1396), cada una de ellas con magnitudes de 6,8 y 3,5 respectivamente, siendo ambas nebulosas de reflexión*.

CASIOPEA

Por último, nos centramos en Casiopea que, con su forma de W, o de M, dependiendo de la época del año en la que la observemos, destaca en el cielo del hemisferio norte como una de las circumpolares más reconocibles. Debido a su forma, fácil de localizar, es otra baza segura para encontrar la estrella Polar (ver cómo hacerlo en la historia de «Las Osas»). Se trata de la constelación veinticinco del cielo debido a su tamaño, ya que ocupa un 1,451 % del mismo. 157 son las estrellas potencialmente visibles a simple vista en cielos en condiciones, porque son las que disponen de una magnitud aparente* menor de 6,5.

Gamma Cassiopeiae (γ) conocida como Navi (así podéis encontrarla en el mapa), es la estrella del pico central de la W y la más brillante de la constelación con 2,15 actualmente, pero es una estrella variable irregular* Pierde masa lentamente en un disco o concha que la rodea y las alteraciones del espesor de esa concha podrían ser la causa de las oscilaciones irregulares de su luminosidad. En 1937 era de 2,2, en 1940 de 3,4 y en 1965 de 2,7.

NGC 281 es una nebulosa de emisión* conocida como Pacman o del Comecocos y la podemos localizar muy cerca de Shedar, que es la estrella c de la constelación con una magnitud de 2,24 y que puede servirnos de perfecto punto de partida para dar con ella, aunque con una magnitud de 7,4 se nos hará un poco esquiva. M52 se encuentra en el espacio de Casiopea pero está a mitad de camino de esta y de su marido Cefeo. Con telescopio podemos observar que se trata de un cúmulo abierto* de unas 100 estrellas. Se conoce con el nombre del cúmulo Sal y Pimienta y tiene una magnitud de 6,90. No es, sin embargo, el único miembro del catálogo Messier* que habita la región de Casiopea. M103 es otro cúmulo abierto, un poco menos brillante que el anterior, pero de más fácil localización ya que se encuentra muy cerca de Delta Cassiopeiae (δ) y tiene magnitud de 7,40.

Destacar que en las cercanías de M103 se encuentran otros tres cúmulos abiertos interesantes de observar si disponemos de un telescopio pequeño. Hablamos del NGC 654 o cúmulo de la Mariposa, con magnitud 6,50, y el NGC 663, con 7,10, conocido como el cúmulo Lawnmower, que se encuentran muy juntos bajo la línea que une las estrellas Segin y Ksora de Casiopea. El tercero se aleja más de la W, siendo conocido como el cúmulo de la Libélula, del Búho o de E. T., y cuya designación del catálogo NGC es la 457, teniendo una magnitud de 6,40.

Nebulosas Corazón y Alma fotografiadas por el telescopio WISE. De NASA

Por último, y sin abandonar los cúmulos abiertos, viajamos hacia Perseo y Camelopardalis para encontrar, antes de abandonar el territorio de Casiopea, pero ya lejos de la W que la representa, tres cúmulos abiertos, dos de los cuales van acompañados de nubosidad que los hace destacar a ambos como nebulosas de emisión: se trata de la nebulosa Corazón, de magnitud 6,50; NGC 1027, cúmulo abierto de magnitud 6,70; y bajo este, la nebulosa del Alma, que también tiene un a magnitud de 6,50.

Glosario

A continuación presentamos, de forma alfabética, una serie de términos que han ido apareciendo en los «**Anexos astronómicos**» de los mitos presentes en este libro y que hemos marcado con el símbolo *. Se trata de palabras relacionadas con la astronomía, que cualquier aficionado conocerá, pero puede que, para los neófitos, sean incomprensibles. Por ello, en este glosario intentaremos aclararlos, para que dichos anexos sean más sencillos de entender.

Pero primero, si este es el primer libro de *Cuentos del Cielo* del que dispones, queremos proporcionaros una herramienta para hacer más fácil la localización de los objetos que os enseñamos en los diferentes anexos astronómicos. Se trata de vuestra propia mano. En la imagen que podéis ver aquí, tenéis diferentes posibilidades de uso de la mano para calcular aproximadamente los grados en la esfera celeste, ya que esa es la forma de medir que usan los astrónomos. Consideramos que noventa grados es el ángulo que hay desde el horizonte

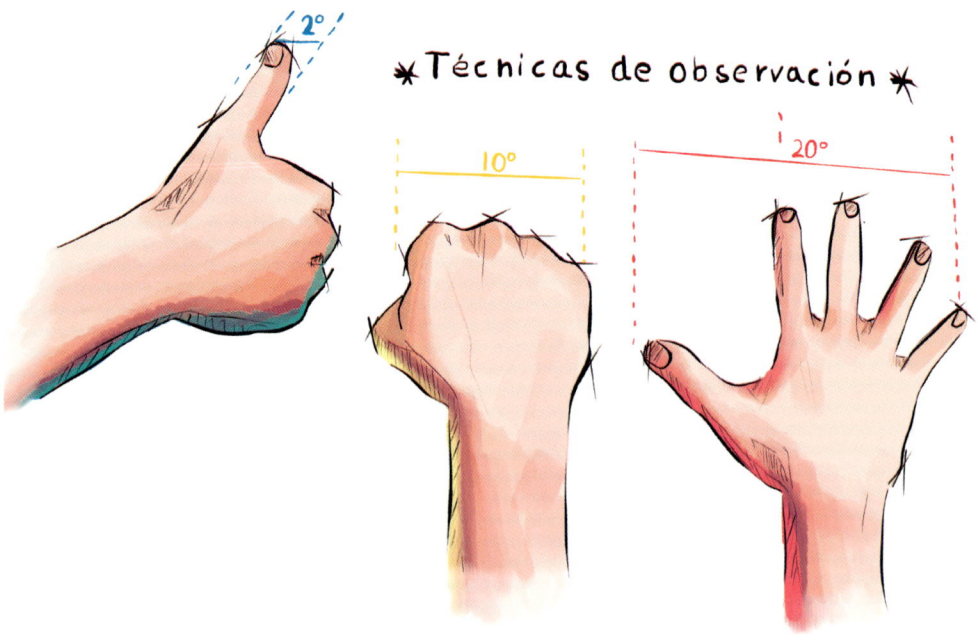

hasta el cenit (el punto más alto del cielo en vertical sobre nuestras cabezas). Con nuestros ojos podemos distinguir, sin ayuda óptica especial (prismáticos o telescopios), objetos no más pequeños de un minuto de arco o, lo que es lo mismo, 60 segundos. Y usando nuestra mano podemos medir distancias de unos cuantos grados que pueden servirnos para localizar ciertas estrellas o constelaciones con respecto a otros puntos que nos sean más sencillos de encontrar.

ALMAGESTO DE PTOLOMEO

Nos encontramos ante un tratado astronómico conocido con este nombre, pero llamado en griego *Sintaxis Matemática*. Escrito por **Claudio Ptolomeo** en Alejandría en el siglo II d. C. se convirtió en la referencia astronómica en tiempos posteriores. Se basó en el catálogo estelar de Hiparco de Nicea para catalogar un total de 48 constelaciones clásicas, además de explicar el sistema geocéntrico en el que la Luna, el Sol y los planetas giraban en torno a la Tierra en círculos epicíclicos. Esta obra se preservó gracias a los manuscritos árabes y toma el nombre de *Almagesto* con la traducción al latín de Gerardo de Cremona en el siglo XII.

Ptolomeo fue astrónomo, astrólogo, matemático, químico y geógrafo que nació y vivió en Egipto durante la práctica totalidad del siglo II d C., y se cree que trabajó en la famosa Biblioteca de Alejandría.

ASTERISMO

Se trata de una forma o patrón que podemos encontrar en el cielo debido a un conjunto de estrellas. Es similar a una constelación, pero la diferencia que tiene con esta es que no está reconocido oficialmente como constelación por la **Unión Astronómica Internacional** (ver **UAI** más adelante). Sin embargo, está muy aceptado entre la gente por ser una forma fácil de diferenciar en el cielo nocturno. Se trata por lo tanto de un grupo informal de estrellas que pueden pertenecer o no a una misma constelación, pero que, por ellas mismas, dibujan algo en el cielo que suele ser bastante fácil de distinguir. Los asterismos suelen servirnos para guiarnos en el cielo y localizar constelaciones que, en ocasiones, son más complicadas de ver que el propio asterismo.

CATASTERIZAR

Este término, usado en las historias mitológicas presentes en este y el anterior libro de la colección, es un cultismo proveniente del griego que significa: *colocado entre las estrellas*. Se cree que este término se debe a Eratóstenes de Cirene, matemático griego que lo uso como título para un libro en el que describía algunas de estas transformaciones.

CLÚSTER DE GALAXIAS

En español podríamos conocerlo como agrupación de galaxias, pero el anglicismo se ha extendido a día de hoy y es la forma en que se conoce a estos grupos de galaxias que permanecen juntos debido a la fuerza de la gravedad.

CÚMULO ABIERTO

Es una agrupación de estrellas en la que estas se ven más dispersas que en un cúmulo globular. Puede contener desde una decena a varios miles de estrellas en espacios de hasta 10 parsecs de diámetro (30 años luz).

Están formados por estrellas jóvenes y calientes, creadas recientemente en el disco de la galaxia. Las estrellas de un cúmulo abierto provienen de una misma nube molecular, pero, aunque están atadas gravitacionalmente entre ellas, lo están en menor medida de lo que ocurre con las de los cúmulos globulares.

Son también conocidos como cúmulos galácticos.

Este tipo de cúmulos solo se observa en galaxias espirales e irregulares, ya que son las que todavía se encuentran activas, formando estrellas.

En las constelaciones de este libro podemos encontrar unos cuantos cúmulos de este tipo: como el **NGC 752** de Andrómeda, el **NGC 7160** de Cefeo, los **M52**, **M103**, el **cúmulo de la Mariposa** y el **de la Libélula** son ejemplos de Casiopea, pero es en Perseo donde tenemos mayor profusión de cúmulos abiertos, pues destacan: el **Doble Cúmulo**, el **M 34**, **NGC 957**, **NGC 144**, **NGC 1582** o el **NGC 1342** como ejemplos de este tipo.

CÚMULO GLOBULAR

Es una agrupación de estrellas, como los cúmulos abiertos, pero en la que los astros están muy concentrados en una zona esférica, debido a la atracción gravitacional de unos con otros. Se trata de estrellas viejas que se agrupan en cantidades de alrededor de cientos de miles o incluso millones de ellas. Se mueven como un todo, como si fueran un satélite, alrededor a la galaxia a la que pertenecen. Estos cúmulos suelen encontrarse dispersos en torno a la galaxia en un halo esférico que la rodea y que no tiene por qué coincidir con el disco en el que se mueven el resto de estrellas de la galaxia.

En un principio, los astrónomos pensaban que la formación de los cúmulos globulares fue durante la misma formación de la galaxia en que se encuentran, pero gracias a imágenes del telescopio espacial Hubble se han descubierto cúmulos globulares mucho más jóvenes que la galaxia en la que se encuentran. Se deben, entonces, a interacciones de la galaxia con otras más pequeñas que se acercaron a ella, pudiendo haber chocado o no en el pasado.

Con las estrellas RR Lyrae y las Cefeidas, Harlow Shapley, en 1918, consiguió medir la distancia de estos cúmulos hasta nosotros. Fue él quien dedujo que se encuentran en una esfera cuyo centro es el núcleo de la galaxia.

Ejemplos de cúmulos globulares en este libro son: **M3** de Canis Venatici, el cúmulo **Bola de Nieve** del Boyero y el **M15,** también conocido como el **cúmulo de Pegaso**.

ENANA BLANCA

Estrella de aproximadamente la misma masa que nuestro Sol, pero que tiene esa masa compactada en un tamaño similar al de la Tierra. Por lo tanto, su densidad está en torno a un millón de veces la del agua.

Ciclo de vida de las estrellas

La formación de las enanas blancas se debe al colapso de estrellas similares al Sol al final de su vida. Cuando estas estrellas finalizan su ciclo de consumo de hidrógeno pasan a consumir el helio de su interior y después materiales más pesados; al final, el motor de fusión nuclear que hace que la estrella se consuma para producir brillo y energía; no puede seguir funcionando porque necesita más energía para seguir quemando de la que genera en esa quema. Lo que nos queda es un rescoldo caliente de la estrella original, que va enfriándose poco a poco. Durante ese enfriamiento va irradiando la última energía hacia el espacio, hasta convertirse en una enana negra.

La primera enana blanca se descubrió en 1862 y no fue otra que Sirio B, la compañera más pequeña de la brillante Sirio del Can Mayor.

El astrónomo indio Chandrasekhar, en 1931, fue el que calculó que una estrella se convertiría en enana blanca si llegaba, como mucho, a 1,4 veces la masa de nuestro Sol. Entre 1,4 y 3 masas solares se formaría una estrella de neutrones y con masas superiores a 3 veces la solar, la estrella se colapsaría para formar un agujero negro. Estas dos últimas opciones sucederán tras la muerte de la estrella en una supernova, mientras que para la enana blanca esta explosión no llegará a ser posible.

ENANA NARANJA

Se trata de una estrella que en la secuencia principal de tipos de estrellas se conoce como estrella de tipo-K. De tamaño intermedio entre las enanas rojas y las enanas amarillas (a las que pertenece nuestro Sol), son de un gran interés en la búsqueda de vida extraterrestre porque su ciclo de estabilidad es tan amplio que permitirían mejores condiciones para la creación de vida que nuestro Sol (que en total estará estable 10 000 millones de años frente a los entre 15 000 y 30 000 millones que pueden llegar a alcanzar este tipo de estrellas). Disponen de una ventaja extra y es que emiten menos radiación ultravioleta que nuestra estrella.

Un ejemplo en este libro sería **HD66141** del Can Menor.

ESTRELLA BINARIA

Se trata de un sistema estelar formado por dos estrellas físicamente asociadas, que orbitan entre ellas en torno al centro de masas del sistema que forman ambas, debido a su mutua atracción gravitatoria.

Parece ser que un elevado porcentaje de estrellas conviven en esta estructura.

Es importante saber que los sistemas formados por tres, cuatro o más estrellas también se denominan binarios, a pesar del error al que podría llevarnos la propia palabra en estos casos.

Son estrellas binarias: **Procyon** de Can Menor, **Mizar** de la Osa Mayor y **ε Coronae Borealis**.

ESTRELLA DOBLE

Estas estrellas tienen la peculiaridad de que parecen estrellas binarias al observarlas desde la Tierra, pero no lo son, se tratan de estrellas dobles ópticas. Este efecto óptico que comentamos es el que hace que para nosotros parezcan estar tan cerca una de otra que la opción de considerarlas binarias podría ser factible, pero realmente una está delante y otra detrás, sin interacción alguna entre ambas, ya que la distancia entre ellas es tan grande que no hay atracción gravitatoria.

Alcor y **Mizar**, si estuvieran algo más juntas, serían un magnífico ejemplo de estrella doble en la Osa Mayor, pero, dado que pueden distinguirse a simple vista, yo no las consideraría como tal y por ello, de las presentes en el libro, serían **Cor Caroli** de Canis Venatici y **Almach** de Andrómeda los mejores ejemplos.

ESTRELLA VARIABLE

Son estrellas que, vistas desde la Tierra, tienen un cambio de brillo, color o alguna otra propiedad a lo largo del tiempo. Lo más normal es el cambio de brillo. Existen varios tipos de variables. Aquellos que aparecen en las constelaciones que hemos tratado son presentados, de forma sencilla, en los siguientes apartados.

Cataclísmica. Es un tipo de estrella variable en la que el astro empieza a brillar repentinamente por un cambio brusco y violento. Las novas y supernovas pertenecen a este grupo. A diferencia de las supernovas, una nova sucede cuando una enana blanca de un sistema binario le roba hidrógeno a su compañera. El gas se concentra hasta que se produce una explosión nuclear.

R Coronae Borealis es una variable cataclísmica.

Cefeida. Este tipo de variables debe su nombre a δ de Cefeo, que fue la primera de este tipo en ser considerada y estudiada. Fue la astrónoma estadounidense Henrietta Leavitt quien descubrió, estudió y catalogó las primeras de estas estrellas, su mayoría en la Pequeña Nube de Magallanes (una pequeña galaxia satélite de la nuestra). Son estrellas gigantes amarillas. Experimentan unas pulsaciones de periodos muy regulares que van de días a semanas, dependiendo de la estrella. Esa regularidad es útil para que los astrónomos las usen, ya que su periodo está relacionado con su luminosidad. Existen unas tablas que permiten, conociendo uno, obtener el otro fácilmente. Además, debido a su brillo aparente, es sencillo conocer la distancia a la que la estrella se encuentra. De hecho, Edwin Hubble las usó para demostrar que las nebulosas espirales eran otras galaxias y no pertenecían a nuestra Vía Láctea. Así pues, las cefeidas de las galaxias del Grupo Local sirven para calcular las distancias entre dichas galaxias y la nuestra.

La **Estrella Polar** sería un ejemplo de este tipo de estrellas variables, pero **δ Cefeida** de la constelación de Cefeo es la que da nombre a este tipo de variables tan concreto.

Eclipsable. Tipo de estrellas variables, también conocidas como variables β Lyrae. Se las denomina como sistema semidesacoplado. Su cualidad es que la estrella se ha expandido hasta llenar su lóbulo de Roche (superficies equipotenciales, que son el equivalente gravitatorio de las curvas de nivel de los mapas terrestres) y está vertiendo materia hacia su compañera. Ese material forma un disco de acreción alrededor de la estrella más pequeña.

Irregular. Su propio nombre indica que no tienen un periodo fijo. Las hay de dos tipos, dependiendo de si son eruptivas o pulsantes. Las primeras de ellas, las eruptivas, suelen ser propias de las nebulosas de formación estelar entre otros tipos, pero se caracterizan todas por cambios rápidos de hasta una o más magnitudes en su luminosidad en periodos muy breves de tiempo de 1 a 10 días. Las pulsantes suelen ser estrellas gigantes o supergigantes, estadios tardíos en la evolución estelar, que sufren variaciones en su luminosidad, pero no tan repentinamente como las eruptivas, aunque sin tener un periodo ajustado que se pueda precisar.

Navi de Casiopea es un ejemplo de este tipo de estrellas.

Mira. Son un tipo de estrellas variables pulsantes que se caracterizan por el intenso color rojo de las estrellas en las que se da. Las mira son gigantes rojas que tienen un periodo de pulsación elevado (de más de 100 días) y una amplitud bastante grande en su variación de luminosidad, que supera una magnitud aparente.

Mira se encuentra en Cetus y es la estrella que da nombre a este tipo de variables.

EXOPLANETA

Son también conocidos como planetas extrasolares y se trata de planetas que giran en torno a otra estrella que no es el Sol. En 1995, Michel Mayor y Didier Queloz descubrieron el primero de estos planetas. A fecha 1 de octubre de 2024 tenemos confirmados 7339 planetas extrasolares, aunque hay muchos más candidatos por verificar.

Los métodos para su detección son muy variados: desde el uso de la **astrometría**, para ver si el centro de masas de una estrella puede estar desplazado por la existencia de planetas, a **tránsitos**, en los que los planetas producen un cambio en la intensidad de la luz que emite la estrella porque transitan por delante de ella, pasando por cambios en las líneas espectrales de la luz que nos emite la estrella por el **efecto Doppler** que le causa el cercano planeta con su campo gravitatorio. En la actualidad se emplean casi una decena de métodos, siendo estos tres los ejemplos elegidos para dar una muestra, pues son los más habituales.

HD66141 del Can Menor tiene a su alrededor un exoplaneta. **ε Coronae Borealis** es otra estrella con planetas orbitando a su alrededor.

GALAXIA

Se trata de una formación que contiene: estrellas, planetas, nubes de gas, polvo cósmico, materia oscura y energía, que se mantienen unidos por gravedad. La cantidad de estrellas de una galaxia varía mucho, pudiendo ir de 10^7 a 10^{14}. Según su apariencia podemos clasificar las galaxias en la siguiente lista:

Barrada. Realmente se trata de un tipo de galaxia espiral. Tiene la particularidad de presentar una banda central de estrellas brillantes que cruza de un lado al otro de la galaxia y de cuyos lados surgen los brazos espirales, a diferencia de las galaxias espirales en las que los brazos en espiral comienzan en el mismo núcleo galáctico. Las barras son bastante comunes, ya que dos tercios de las galaxias espirales las poseen. Se opina que las barras de estas galaxias actúan a modo de guardería, impulsando la formación estelar en su centro. Canaliza el gas interestelar desde los brazos espirales hasta el centro, a través de resonancia orbital, encauzando el flujo para crear estrellas nuevas. Esto permitiría explicar porqué el núcleo de estas galaxias es activo.

Las barras pueden formarse debido a una onda de densidad proveniente del centro de la galaxia, cuyos efectos reorganizan las órbitas de las estrellas interiores. Esto provoca que las estrellas vayan aumentando su órbita alejándose así del núcleo, lo que hace que la estructura de barra permanezca en el tiempo. También se cree que su causa puede estar en los efectos de la fuerza de marea originados por la interacción entre galaxias.

Lo que parece quedar claro es que, las barras de una galaxia, son un fenómeno temporal en la existencia de la misma. La estructura de la barra va desapareciendo, dando lugar a una galaxia espiral normal.

M109 de la Osa Mayor o nuestra propia **Vía Láctea** entran dentro de esta categoría.

Elíptica. Es un tipo de galaxia que tiene una forma similar a una elipse y carece de rasgos distintivos, como pueden ser los brazos espirales. Están formadas por estrellas viejas, aunque contienen cantidades considerables de polvo y gas entre dichas estrellas. Hay pocas señales de que haya formación estelar activa, lo que llevó a pensar a los astrónomos que eran las galaxias más viejas, aunque estudios posteriores han determinado que muchas de ellas (quizá todas las grandes) se han formado a partir de colisiones y fusiones de otras galaxias.

M32 y **M110** de Andrómeda serían ejemplos de galaxias elípticas.

Espiral. Son un tipo de galaxia, en la que un bulbo central de estrellas frías (el núcleo de la galaxia) está rodeado de un disco aplanado de material que contiene: estrellas, gas y polvo. Este disco, aunque no siempre, suele estar organizado en brazos espirales que parecen salir del núcleo galáctico.

Estas galaxias tienen la característica de poseer una rotación diferencial (esto quiere decir que las diferentes partes de la galaxia tienen velocidades angulares diferentes y así una estrella cerca del núcleo galáctico se moverá más lenta en torno a este que una que esté en los límites exteriores).

M81, **M101** son ejemplos que podemos encontrar en la Osa Mayor, en Canis Venatici podemos contemplar a **M51** conocida como la **galaxia del Remolino**, **M63** que es la **galaxia del Girasol** y también a **M94**, llamada **Ojo de Cocodrilo**. La famosa **galaxia de Andrómeda** también es de este tipo; **NGC 7331** de Pegaso y **M77** de Cetus serían los últimos ejemplos que aparecen en este libro.

Existen también galaxias **irregulares** y **lenticulares** que son galaxias de las que no hemos hablado en este volumen, aunque sí tenemos algún ejemplo cercano, ya que la **Pequeña Nube de Magallanes** correspondería a este tipo.

Este tipo de galaxias está a medio camino entre las galaxias elípticas y las espirales. Tienen forma de disco y han consumido gran parte de su material interestelar, por lo que no presentan espirales. Las galaxias irregulares, por el contrario, como su nombre indica, no presentan una forma establecida ni ningún esquema a repetir, a excepción del caos entre las estrellas que la componen. No tienen bulbo galáctico, son bastante pequeñas y suelen orbitar en torno a otras galaxias más grandes.

GIGANTE NARANJA

Una gigante naranja también se conoce, dentro de la escala de los tipos de estrellas, como estrella gigante de tipo espectral K y clase de luminosidad III. Con temperaturas superficiales de entre 3900 y 5200 grados Kelvin, una luminosidad de 60 a 300 veces mayor que la de nuestro Sol, se trata de estrellas en el final de su vida que se encuentran realizando en su núcleo fusión nuclear de helio en carbono y oxígeno. Provienen de estrellas del tipo de la nuestra, con masas entre 0,8 y 10 veces la del Sol, y finalizarán creando una enana blanca y una nebulosa planetaria a su alrededor, porque no llegan a tener la masa y el tamaño adecuados para explotar en una supernova.

El ejemplo más destacado de entre las estrellas que aparecen en las constelaciones presentadas en este libro es **Arturo** del Boyero.

HUBBLE, telescopio

Edwin Hubble fue un importante astrónomo estadounidense (1889-1953) que demostró que muchos objetos, hasta entonces catalogados como nebulosas, no eran sino otras galaxias y por lo tanto no formaban parte de nuestra Vía Láctea. Además, hizo el importante descubrimiento de la relación entre el desplazamiento al rojo (del efecto Doppler) y la distancia, con lo que dedujo que el universo se está expandiendo.

En honor a este brillante astrónomo, la NASA y la Agencia Espacial Europea bautizaron con su apellido a un telescopio espacial conocido también con las siglas HST (Telescopio Espacial Hubble). El telescopio fue lanzado el 24 de abril de 1990 y, aunque tenía un defecto en el diseño original del espejo del telescopio, en 1993 los astronautas del transbordador espacial Endeavour consiguieron subsanarlo. Aun a día de hoy, con su previsión ampliamente superada, sigue trabajando. Se barajaba su fecha de retirada en 2021 y aunque su relevo, el telescopio espacial James Webb ya está en funcionamiento, el Hubble sigue mandándonos increíbles fotos; y esto a pesar de que el 13 de junio de 2021 estuvo a punto de apagarse definitivamente, cuando sus instrumentos se pusieron en modo reposo debido a un fallo de la computadora de carga útil. El telescopio estuvo cinco semanas inactivo y durante ese tiempo la NASA obtuvo el éxito gracias a reclutar a técnicos ya retirados que habían trabajado tanto en el desarrollo del telescopio en los 80 como en sus primeros años de funcionamiento.

El telescopio se encuentra alrededor de la Tierra en una órbita baja y casi circular de 600 kilómetros y tarda 97 minutos en dar una vuelta a nuestro planeta. Su telescopio principal, con un espejo de 2,4 metros de diámetro, es igual de grande que los telescopios terrestres más grandes de hasta mediados del siglo XX. Pero, a pesar de ese tamaño, pequeño comparado con los grandes telescopios actuales como el GRANTECAN de Canarias, de 10,4 metros de diámetro, debido a encontrarse en órbita, por encima de la atmósfera, la calidad y resolución del Hubble son lo que nos ha permitido disfrutar de unas imágenes sin precedentes.

MAGNITUD ESTELAR

Cuando hablamos de magnitud en relación a la astronomía, estamos refiriéndonos a una medida que nos indica el brillo de las estrellas, de los planetas, la Luna, el Sol...

La magnitud estelar aparente de un cuerpo celeste proviene de la idea de los antiguos griegos de numerar las estrellas según su brillo observado desde la Tierra (de ahí el añadido de aparente, porque no se trata del brillo propio de la estrella, sino del que llega hasta nosotros).

Se cree que esta idea corresponde a Hiparco de Nicea (siglo II a. C.), que dio el valor de magnitud 1 a las primeras estrellas en verse al ocaso y las que desaparecían las últimas al amanecer. Después, los siguientes grados de magnitud: dos, tres y posteriores servían para estrellas cada vez menos brillantes, hasta la magnitud 6, en la que se englobaban las últimas estrellas que el ojo humano era capaz de detectar. Este sistema lo publicó por primera vez Ptolomeo en su *Almagesto*, escrito en el siglo II.

Pogson, en 1856, formalizó este sistema de ordenación de las estrellas y añadió más magnitudes para las estrellas menos brillantes que solo se ven con la ayuda de telescopio y cambió algunos valores como el de Sirio, la estrella más brillante de nuestro cielo, que ya no podía compararse con el resto de estrellas de magnitud 1 y le correspondió una magnitud de -1,45 aproximadamente. Se añadió, además, la Luna y el Sol que tienen valores de -12,6 y -26,7 respectivamente.

MESSIER, catálogo

Charles Messier (1730-1817) fue un famoso astrónomo francés que se dedicó a la búsqueda de cometas. Para evitar pérdidas de tiempo debidas a confundir manchas borrosas en el cielo con posibles cometas, empezó a catalogar todas las que iba encontrando en lo que sería el catálogo más importante y conocido de objetos astronómicos débiles. Dicho catálogo está formado por cúmulos abiertos y globulares, nebulosas y galaxias (que, para él, en aquel entonces también eran nebulosas).

La nomenclatura del catálogo es con una M para indicar que se trata de un objeto del catálogo Messier y, a continuación, el número identificativo. El catálogo de Messier contenía originalmente 103 objetos, pero quedó finalmente en 110. Existen otros catálogos más actuales y, por lo tanto, mucho más amplios, como los de Johan Dreyer, que a finales del siglo XIX creó: el New General Catalogue (NGC) o el Index Catalogues (IC), que tienen más de 13 000 objetos.

Disponemos en este libro de un variado ejemplo de objetos del catálogo Messier: **M81**, **M82**, **M97**, **M101**, **M108** y **M109** en la Osa Mayor; **M3**, **M51**, **M63**, **M94** y **M106** en Canis Venatici; **M31**, **M32** y **M110** en Andrómeda; **M15** en Pegaso; **M34** en Perseo; **M77** en Cetus y, por último, **M52** y **M103** en Casiopea.

NEBULOSA

Se trata de regiones del espacio interestelar ricas en gases (hidrógeno y helio) y otros elementos químicos en forma de polvo cósmico. Las hay de diferentes tipos, que presentamos a continuación:

Nebulosa de absorción. Son nubes frías de gas y polvo que únicamente son visibles debido a que bloquean la luz de estrellas más lejanas. También se conocen como **nebulosas oscuras**.

Nebulosa de emisión. Son nubes de gas y polvo que emiten luz. Suele suceder debido a que la nube se está calentando por estrellas jóvenes próximas a la nebulosa, como pueden ser algunas secciones de la nebulosa de Orión.

La nebulosa **Corazón,** la **Pacman** y la nebulosa **del Alma** en Casiopea son ejemplos de este tipo de nebulosas.

Nebulosa de reflexión. Es otro tipo de nebulosa que, en esta ocasión, brilla porque refleja la luz de una o varias estrellas cercanas, permitiéndonos verla. Ejemplos en este libro aparecen en Cefeo con las nebulosas **Iris** y la **Trompa de Elefante**.

Nebulosa planetaria. Se trata de una nebulosa asociada a una estrella, a la cual rodea con apariencia más o menos similar a un disco. Vista con telescopio o en fotografía se asemeja a un planeta, de ahí su nombre, que le fue dado por William Herschel en 1785. Brilla debido a la luz procedente de la estrella a la que está asociada, que es absorbida y reirradiada por la nube. Sus formas, sin embargo, son de lo más variopintas, no solamente de disco, debido a que se trata de las capas externas de una gigante roja que ha avanzado a su siguiente estadio, convirtiéndose en enana blanca. Este descenso de tamaño tan grande hace que las capas exteriores de la gigante roja queden como una nube de material que se va a ir expandiendo por el entorno, a causa al viento estelar de la enana blanca. Por ello podemos decir que las nebulosas planetarias tienen una corta vida (estimada en torno a 50 000 años), ya que el gas y polvo que las forma se va extendiendo y separando en el espacio, variando el aspecto de las nebulosas y difuminándose cada vez más hasta su completa desaparición. Ejemplos en este libro son: **M97** en la Osa Mayor, conocida como la nebulosa **de la Lechuz**a, o la nebulosa **Bola de Nieve** de Andrómeda.

SUPERNOVA

Es la muerte explosiva de una estrella, de una forma tan violenta que, durante un breve periodo de tiempo, esa misma estrella es capaz de brillar más que una galaxia entera. Es un suceso relativamente raro que afecta a un determinado tipo de estrellas al final de su ciclo estelar. La mayoría de las estrellas terminan sus vidas de una forma más tranquila, pero cuando se trata de estrellas que tienen más de 1,4 veces la masa de nuestro Sol, desde ese valor hasta 3 veces la masa solar, cuando la estrella finaliza su existencia en forma de supernova genera una estrella de neutrones y, si la estrella tiene más de 3 masas solares, creará en la explosión un agujero negro.

Tales sucesos tienen una importancia clave en la galaxia en la que ocurren, ya que las supernovas fabrican los elementos más pesados de la tabla periódica y los diseminan por el espacio.

UNIDADES ASTRONÓMICAS (UA)

Se trata de una unidad de medida muy útil para el tamaño de nuestro sistema solar.

Johannes Kepler, basándose en las cuidadosas observaciones de Tycho Brahe, estableció las leyes del movimiento planetario, las cuales se conocen como las «leyes de Kepler». La tercera de estas leyes relaciona la distancia de cada planeta al Sol con el tiempo que tarda en recorrer su órbita (es decir, el período orbital) y, como consecuencia, establece una escala relativa mejorada para el sistema solar: por ejemplo, basta con medir cuántos años tarda Saturno en orbitar el Sol para saber cuál es la distancia de Saturno al Sol en unidades astronómicas. Kepler estimó con muy buena precisión los tamaños de las órbitas planetarias; por ejemplo, fijó la distancia entre Mercurio y el Sol en 0,387 unidades astronómicas (el valor correcto es 0,389), y la distancia de Saturno al Sol en 9,51 unidades astronómicas (el valor correcto siendo 9,539). Sin embargo, ni Kepler ni ninguno de sus contemporáneos sabían cuánto valía esta unidad astronómica, y por tanto ignoraban completamente la escala real del sistema planetario conocido, que en aquel entonces se extendía hasta Saturno.

Baste decir que una unidad astronómica era entonces la distancia del Sol a la Tierra y esa medida se calculó finalmente tras varias aproximaciones en 149,6 millones de kilómetros, aunque el primero en dar un valor bastante aproximado fue Huygens en 1659 cuando, usando Marte para sus cálculos, la estimó en 160 millones de kilómetros. Las mediciones con láser y radar actuales dan un error aparente de uno o dos kilómetros con el valor de 149 597 870 km.

UNIÓN ASTRONÓMICA INTERNACIONAL (UAI)

Es la agrupación de las sociedades astronómicas nacionales creada en 1919 y que desde entonces promueve y coordina la cooperación internacional en la astronomía y la elaboración de las reglas de nomenclatura de los diferentes cuerpos celestes.

Ejemplos de decisiones que la UAI ha tomado en sus reuniones serían: la elección en 1922 de las 88 constelaciones oficiales que podemos encontrar en el cielo o la creación de la categoría de planeta enano en 2006, en la que se situó a Plutón una vez se habían descubierto otros cuerpos celestes en nuestro sistema solar similares a aquel en características y que mostraban diferencias con el resto de planetas, por lo que se necesitaba dicha nueva categoría para la correcta organización de los cuerpos celestes del sistema solar.

VÍA LÁCTEA

Es nuestra galaxia. Nosotros, al mirar al cielo de noche, la vemos como una banda de estrellas que lo recorre, lo que señala el plano de nuestra galaxia, donde se encuentran la inmensa mayoría de estrellas de la misma. Esa banda de estrellas está formada por tantas y tan lejanas que apenas se distinguen las que se encuentran más próximas a nosotros y por ello la Vía Láctea se suele observar como una brillante nubosidad que recorre el cielo. Aquí, en

España, es conocida como *el Camino de Santiago* ya que se dice que los peregrinos a dicho lugar la usaban como guía.

Se trata de una galaxia espiral barrada con un diámetro aproximado de 100 000 años luz. Contiene en torno a 300 000 millones de estrellas y se estima que su masa total es de 10^{12} masas solares.

Su nombre significa Camino de Leche y proviene de las historias de la mitología griega como las que estamos tratando en este libro.

ZONA DE HABITABILIDAD

En astrofísica, la zona de habitabilidad de una estrella es la región alrededor de una estrella en la que el flujo de radiación incidente permitiría la presencia de agua en estado líquido sobre la superficie de cualquier planeta (o satélite) rocoso que se encontrase en ella y que contase con una masa comprendida entre 0,5 y 10 masas terrestres, y una presión atmosférica superior a 6,1 mbar, correspondiente al punto triple del agua a una temperatura de

273 16 K. Además de la separación entre el planeta y la estrella (semieje mayor), existen otros parámetros a tener en cuenta de cara a la inclusión de un planeta dentro de la zona de habitabilidad de un sistema, como la excentricidad orbital, la rotación planetaria, las propiedades atmosféricas del exoplaneta o la existencia de fuentes de calor adicionales a la radiación estelar, como el calentamiento de marea.